JN142263

Introduction to Practical App Translation

アプリ翻訳実践入門

西野 竜太郎 著

グローバリゼーションデザイン研究所

- 本書の正誤表は、以下の弊社ウェブサイトをご覧ください。
  - https://globalization.co.jp/
- 本書に記載されたURLは執筆時点のものであるため、変更されていることがあります。
- 本書に記載された会社名や製品名などは、登録商標または商標であることがあります。本書内では®などのマークは記載していません。
- 本書の記述内容は正確であるよう努めていますが、著者および出版社は何らかの保証をするものではなく、本書の内容によって生じる直接的または間接的な損害について責任を負いかねます。

はじめに

生活のあらゆる場面で「アプリ」を目にします。スマホのゲーム・アプリ、デスクトップPCの表計算アプリ、ウェブの電子メール・アプリなどです。

こういったアプリは、UI（ユーザー・インターフェイス）のテキストを翻訳することで、別の言葉を話すユーザーにも使ってもらえます。現在ではインターネットの普及やスマホ・アプリ・マーケットの登場により、かつて考えられなかったほどのユーザーを世界中で獲得できます。

テキストを翻訳するだけなら簡単そうに思えます。しかし実際に翻訳しようとすると、ファイルのどこを翻訳したらよいのか、どういった言葉づかいで翻訳すればよいのか、どのようなツールを使ったらよいのかなど、悩む点がいくつも出てくるはずです。アプリの翻訳には専門的なスキルや知識が必要なのです。

本書で学べること

本書では、まずアプリの翻訳テクニックを学べます。言語としては、英語から日本語（英日）を主としていますが、日本語から英語（日英）についても解説しています。さらに、翻訳をするのに必要な関連スキルや知識も説明しています。まとめると、以下の内容を学べます。

- 一般的な翻訳テクニック
- アプリ独特の翻訳テクニック
- 翻訳のプロセスに関する知識
- 翻訳者に求められる調査スキル
- 翻訳のテクノロジーに関する知識

対象読者

本書は次のような読者を主な対象としています。

- アプリ翻訳に興味があるエンジニアや翻訳学習者

- 他分野で翻訳経験はあるが、アプリは初めての現役翻訳者
- その他、アプリ翻訳に挑戦してみたい人

前述のように、本書では英日翻訳を主としつつ、日英翻訳も少し取り上げています。英日では、原文英語がある程度読める必要があります。また日英では英語を書く力も求められます。目安としては、英検2級またはTOEIC 600点以上程度の英語力があることが望ましいでしょう。

本書の構成

本書は2部構成です。

第1部では「アプリ翻訳の基礎」を解説します。アプリ翻訳とは何かについて触れたあと、翻訳のプロセス、調査、テクノロジーについて紹介します。最後に翻訳テクニックを説明します。

第2部は「アプリ翻訳の実践」です。実際に使われているアプリをサンプルにして、英日および日英の翻訳を実践形式で学びます。また専用の訓練アプリを使って、実際にアプリ上に翻訳済みテキスト表示させながら翻訳の練習をする方法も説明します。

「アプリ翻訳」という呼び方

アプリやゲームなどの翻訳は、以前から「ソフトウェア翻訳」とも呼ばれています。最近は「アプリ」という表現が受け入れられつつある点を考慮し、本書内では「アプリ翻訳」という言葉を使用します。ただし扱う対象は従来のソフトウェア翻訳と同じです。

著者は大学卒業後、2002年にIT分野を専門とするフリーランスの英語翻訳者になりました。それ以来、執筆時点で15年以上も翻訳業に従事しています。さらに本書のテーマに関連した書籍も数冊執筆しています。本書には、そのよう

な経験と知見をできるだけ整理して盛り込んでいます。読者の皆さまにアプリ翻訳の初歩を習得していただけたら幸いです。

また、本書の原稿をレビューし、貴重なご意見を寄せてくださった関口佳子さん、渕川陽子さん、小島瑞木さん、大類優子さんに感謝を申し上げます。

2018年8月

西野　竜太郎

目次

第１部

アプリ翻訳の基礎

第１部では、アプリ翻訳を実践する前に押さえておきたい基礎的な内容を解説します。各章の詳細は以下のとおりです。

第１章「アプリ翻訳とは」：アプリ翻訳とは何であり、どう位置づけられ、翻訳者にどういったスキルが求められるのかを説明します。

第２章「プロセスに関する知識」：アプリ翻訳のプロセスを解説します。どのようにビジネスが進められるのかといった大きな視点からも解説します。

第３章「調査に関するスキル」：調査に関するスキルを取り上げます。翻訳者に求められる基本的な能力です。

第４章「テクノロジーに関する知識」：テクノロジーに関する知識を説明します。アプリ翻訳ではテクノロジーに関する理解が不可欠です。

第５章「翻訳の基本テクニック」：翻訳全般で必要な基本テクニックを解説します。主に英日翻訳を取り上げています。

第６章「アプリ翻訳のポイント」：アプリ翻訳で重要となるポイントを取り上げます。

この第１部を読むことで、アプリ翻訳の基礎的な部分について知ることができます。続く第２部では、第１部で得た知識を基にしてアプリ翻訳を実践します。

第1章

アプリ翻訳とは

アプリ翻訳は「ローカリゼーション」と呼ばれる過程で発生します。そのローカリゼーションは「グローバリゼーション」の一環として実施されます。

本章では、ローカリゼーション、インターナショナリゼーション、グローバリゼーションといった概念と、翻訳の位置づけについて説明します。さらに翻訳者に必要な知識とスキルをまとめます。

1-1. グローバリゼーションにおける翻訳

さまざまな言語や地域で利用可能なアプリを「グローバルなアプリ」と呼ぶことにします。グローバルなアプリを実現するには、ボタン名などのテキストを各言語に翻訳しなければなりません。翻訳は非常に重要な地位を占めています。

しかし、翻訳しただけではグローバルなアプリにはなりません。翻訳に加えて、たとえば各言語や地域に合う形で情報が表示されるよう、あらかじめプログラミングしておく作業も必要です。

Facebook の例

グローバルなアプリの具体例として、Facebook のウェブ・アプリを見てみましょう。Facebook では、ユーザーが記事を投稿できます。図 1-1 はアメリカのホワイトハウスによる投稿[1]です。

1　トランプ大統領の就任演説に関する投稿：https://www.facebook.com/WhiteHouse/posts/1199517996802598

図 1-1：Facebook の画面（アメリカ英語）

Facebook ではユーザー設定で表示言語が変えられます。そこで、日本語に設定を変更して同じ投稿を表示してみます（図 1-2）。

図 1-2：Facebook の画面（日本語）

記事の本文自体は変わっていませんが、下部にある「Like」、「Comment」、「Share」というボタン名が日本語になっていることが分かります。アプリのこの部分は、翻訳者が英語テキストを日本語に翻訳したと想像できます。

さらに、上部の投稿の日付も「January 21, 2017」から「2017 年 1 月 21 日」になっています。この日付も翻訳されたのでしょうか？　もちろん「年」や「月」といった部分は翻訳者が訳したのでしょう。しかし表示のたびに人が翻訳しているわけではありません。アプリが自動的に生成しています。

ここで、イギリス英語版を見てみましょう（図 1-3）。

図 1-3：Facebook の画面（イギリス英語）

一見すると、ボタン名はアメリカ英語と同じで違いがなさそうです。しかし日付をよく見てみると、「21 January 2017」となっています。同じ英語圏にもかかわらず、アメリカ英語とは日付の表記が違うのです。アメリカは「月日年」の順、イギリスは「日月年」の順です。3 つをまとめてみます。

- 日本語：　2017 年 1 月 21 日
- アメリカ英語：　January 21, 2017
- イギリス英語：　21 January 2017

グローバルなアプリでは、このように各地域の慣習に応じて日付などの表示形式を自動で変えるようプログラミングしているのです。

翻訳はどこに位置づけられるか

テキストを各言語に翻訳する作業は「ローカリゼーション」に含まれます。主に翻訳者が関わります。本書では、このローカリゼーションの一部である翻訳を取り上げているということです。

他方、上記の日付の例のように、各地域に合う形で情報を自動で表示できるようアプリをあらかじめプログラミングする作業は「インターナショナリゼーション」に含まれます。主にプログラマーが関わります。インターナショナリゼーションにはさまざまな作業が含まれており、後ほど説明します。

ローカリゼーションとインターナショナリゼーションは合わせて「グローバリ

ゼーション」と呼ばれます。グローバルなアプリを作るには、グローバリゼーションが不可欠です。つまり、アプリの翻訳は全体のなかで、図 1-4 のように位置づけられるということになります。

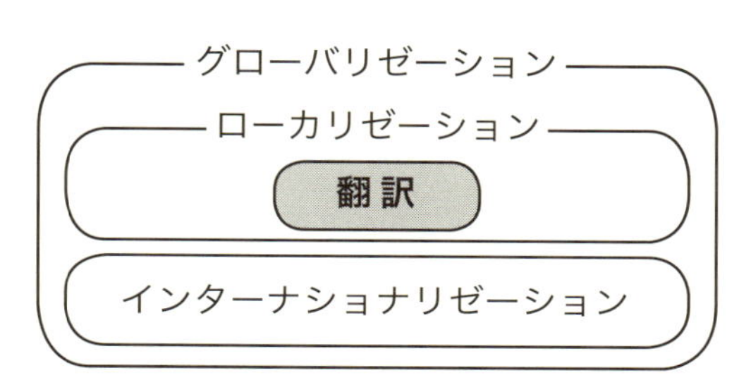

図 1-4：翻訳の位置づけ

次のセクションから、ローカリゼーションとインターナショナリゼーションについて詳しく説明します。

1-2. ローカリゼーションとは

ローカリゼーションとは「特定の言語、地域、文化に合うよう製品を特殊化すること」だと言えます。たとえば、もともと英語で作られたゲームを、日本に住む日本語ユーザーに向けて特殊化して作り変えるケースです。また、ローカリゼーション（Localization）は略して「L10N」と呼ばれます。Localization という単語の最初の L と最後の N との間に 10 文字あるためです。日本語だと「現地化」や「地域化」と呼ばれることもあります。

ローカリゼーション作業でメインの対象となるのは「テキスト」です。要するに翻訳のことで、本書の大部分で扱います。しかしテキストだけがローカリゼーションの対象ではありません。以下のようなものが対象になります。

- テキスト
- 画像、ビデオ、オーディオ
- 文化的要素。例：

- 氏名形式（ミドルネームの有無など）
- 住所形式（番地から先に書く、など）
- 度量衡（ヤードポンド法を使う、など）
- その他（記号など）

• 機能
  - 例：会計ソフトの税率

このうち、画像のローカリゼーションについて見てみましょう。例として挙げるのは、Apple Watch の製品サイトの一部です。図 1-5 が英語版、図 1-6 が日本語版です。

図 1-5：Apple Watch Series 3 の英語サイト[2]

2 URL：https://www.apple.com/apple-watch-series-3/（2018-04-24 アクセス）

図 1-6：Apple Watch Series 3 の日本語サイト[3]

画像の右半分を見ると、テキストが英語から日本語に翻訳されていることが分かります。「Apps and Notifications」が「アプリケーションと通知」、「Never miss what matters.」が「大事なことを見逃さない。」です。

左半分にある Apple Watch の画面を見ると、英語版ではお天気アプリが表示されています。字が小さいので見にくいですが、「Seattle, WA」（ワシントン州シアトル）とも表示されていて、アメリカのユーザーが対象であることが分かります。

他方、日本語版では「Suica」が表示されています。Suica とは日本の JR 東日本の電子マネーです。日本に住むユーザーには Suica を表示するほうが適しているとアップル社が考え、日本向けにローカリゼーションしたと考えられます。これが画像のローカリゼーションの一例です。

翻訳者は翻訳するだけ？

ローカリゼーションの対象は、テキストだけではありません。上記のように画像や文化的要素も含まれます。

翻訳者は「翻訳」だけが仕事と思われがちです。しかし翻訳者には、翻訳先と

3　URL：https://www.apple.com/jp/apple-watch-series-3/（2018-04-24 アクセス）

なるターゲット文化に関する知識を持つ人も多いでしょう。そのため、たとえばある画像がターゲットの文化圏で受け入れられるのか、住所形式は当該国で妥当であるのか、といった面で貴重なアドバイスをできる可能性があります。翻訳者の仕事は翻訳だけと限定するのではなく、視野を広く持ってみましょう。

1-3. インターナショナリゼーションとは

インターナショナリゼーションとは「特定の言語、地域、文化に依存しない形に製品を汎用化すること」です。ローカリゼーションの場合と同様、Internationalization の最初の I と最後の N との間に 18 文字あるので、「I18N」と略されます。日本語では「国際化」とも呼ばれます。主に関係するのはプログラマーであるため、以降の解説ではプログラミング用語が少し出てきます。

ローカリゼーションは「特殊化」でしたが、インターナショナリゼーションは「汎用化」です。これはどういうことなのでしょうか？　先ほど Facebook の投稿日の形式が地域によって違う例を挙げました。日本語では「2017 年 1 月 21 日」、アメリカ英語では「January 21, 2017」、イギリス英語では「21 January 2017」と、各地域の慣習に合う形（特殊化）で表示されていました。これは実は表面的に違うだけで、アプリ内部ではそのどれからも独立した汎用的な形式（例：UNIX 時間[4]）で日付情報を保持しています。そしてユーザーに表示する時点で、「2017 年 1 月 21 日」や「January 21, 2017」といった形に変換して表示します。汎用的な形式で日付情報を保持するようアプリをプログラミングしておくのがインターナショナリゼーションの一例です。

しかしインターナショナリゼーションによる汎用化は日付だけではありません。翻訳に関係する重要なものだけをいくつか紹介します。リソースの外部化、プレースホルダーの利用、条件に応じた訳文選択の 3 つです。

4　1970 年 1 月 1 日を起点とする時間です。ミリ秒（1000 分の 1 秒）の場合、2017 年 1 月 21 日は「1484956800000」となります。実際のプログラミングでは Date 型などを通して扱います。

A. リソースの外部化

ボタン名やエラー・メッセージなど、アプリ上に表示されるテキストは、当然のことながらアプリのなかに収められています。たとえばウェブ・ブラウザー上に「Hello, world!」とアラートを表示する単純なプログラムは、JavaScript という言語で以下のように書けます。

```
alert("Hello, world!");
```

これを日本語にしたい場合、二重引用符の中の文字列を翻訳します。

```
alert(" こんにちは、世界！ ");
```

とても簡単です。しかし日本語 1 言語ではなく、10 言語に翻訳するとしたらどうでしょう。ソースコード（プログラム）を言語の数だけコピーし、翻訳を追加することになります。言語の数だけソースコードのファイルが乱立するため、管理が大変になります。

さらに、1 行だけのシンプルなプログラムではなく、もっと長いプログラムだったらどうでしょうか。翻訳するときに間違って二重引用符を削除してしまうかもしれません。そうするとエラーが発生します。またプログラムが複雑だと、どこが翻訳対象のテキストか見分けるのが大変です。

これに対応するために、翻訳対象テキストだけをアプリのソースコードから切り離すということが行われます。「リソースの外部化」です。外部化して別のファイルに翻訳対象テキストをまとめておくことで、ソースコードを 1 つのみに維持し、乱立を防止できます。つまりソースコードの「汎用化」が実現するわけです。さらに、外部化しておくことで翻訳者が誤ってソースコードを削除するのを防止したり、翻訳対象部分が分かりやすくなったりというメリットもあります。外部化で翻訳者とプログラマーがうまく分業できるのです。

ローカリゼーション訓練アプリにおけるリソースの外部化

リソースの外部化の様子は、ローカリゼーション訓練アプリ「Expense Recorder」で確認できます。本書を購入された方は無料でダウンロードが可能です。ダウンロードと使用の方法は第9章をご覧ください。

Expense Recorder をウェブ・ブラウザーで開くと、まずデフォルトの言語で表示されます。デフォルトの言語リソース・ファイル（例：アメリカ英語）を読み込んでアプリが表示するわけです。言語リソースは言語ごとに別々のファイルとしてフォルダーに保存されています。翻訳者が翻訳する際は、各言語のリソース・ファイルのみを受け取り、翻訳することになります。

次に Expense Recorder のユーザーが言語設定を切り換えると、指定の言語リソース・ファイル（例：日本語）を読み込み、翻訳後のテキストがアプリ上に表示されます。図 1-7 のような流れです。

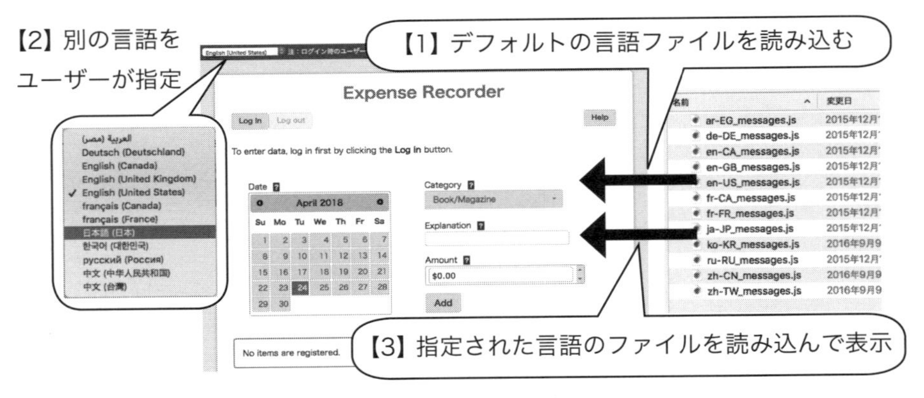

図 1-7：訓練アプリの言語切り替え

翻訳者が翻訳するファイルは、このようにソースコードから切り離され、別のファイルとして外部化されるのです。外部化されたリソース・ファイルは必要に応じて読み込まれます。翻訳テキストをまとめておくファイルの形式はいくつかあり、「4-4. ファイル形式の知識」で紹介します。

B. プレースホルダーの利用

プレースホルダーとは、あとでその場所に情報を挿入するために、あらかじめ場所を確保しておく目印のことです。プログラムのなかで使われます。

たとえば、アプリにログインすると「Welcome, John!」といったメッセージが表示されることがあります。これはあらかじめ人間が書いた「Welcome, ◯!」の◯の部分に、「John」というユーザー名を挿入したメッセージであると想像できます。この◯がプレースホルダーです。ただし実際に利用されるのは「{0}」や「%1$s」といった文字です。

翻訳者は翻訳するとき、まずどれがプレースホルダーか識別しなければなりません。さらに、あとでプレースホルダーにどのような文字列が挿入されるかを想像しながら翻訳することになります。プレースホルダーが入ったテキストを翻訳する方法については、「6-3. 特殊なテキスト」で詳しく取り上げます。

プレースホルダーが「汎用化」と関係するのは、プレースホルダーは訳文テキスト内で自由に配置できるからです。アプリがプレースホルダーを使ってプログラミングされていれば、特定言語の文法や慣習に縛られることなく、柔軟にメッセージを生成できます。つまり言語に依存しない汎用化です。たとえば名前は、英語では「名姓」の順、日本語では「姓名」の順が一般的です。プレースホルダーが使われていれば、翻訳者は姓と名の順序を簡単に入れ替えてメッセージを翻訳できるのです。

C. 条件に応じた訳文選択

日本語では本を「1 冊」、「2 冊」と数え、単数であっても複数であっても「冊」の形は同じです。しかし英語では「1 book」、「2 books」のように、名詞は単数と複数で形が変化します。もし「本が◯冊あります」というメッセージを表示する日本語アプリを英語化するとしたら、対応に困ります。たまに「◯ book(s)」のように、丸かっこ内に s を付ける表記も見ますが、英語本来の表記ではありませんし、man（複数形は men）のようなケースではうまく行きません。

そこで、最近のプログラミング言語では、数などの条件に応じて訳文が自動的に選択される仕組みを使うようになりつつあります。上記の例であれば、本の冊数が「1」なら「You have 1 book.」という英語訳文、「2」以上なら「You have ◯ books.」（◯には冊数が入る）という英語訳文を表示すればよさそうです。英語の名詞は単数と複数の2種類のみですが、世界の言語にはもっと複雑なルールを持つ言語があります。たとえばロシア語には4種類、アラビア語には6種類あるとされます[5]。

条件に応じた訳文選択（条件選択）の仕組みが「汎用化」と関係するのはこの部分です。条件選択によって、世界のさまざまな言語を扱えるようになるのです。

翻訳者は、翻訳対象テキストに条件選択の部分を見つけたら、うまく対処する必要があります。条件選択のあるテキストを翻訳する方法についても、「6-3. 特殊なテキスト」で詳しく解説します。

1-4. ローカリゼーションとインターナショナリゼーションの関係

ローカリゼーションとは「特定の言語、地域、文化に合うよう製品を特殊化すること」で、たとえばもともと英語で作られたアプリを、日本語、ドイツ語、中国語などにすることです。そのため主に翻訳者が関わります。一方、インターナショナリゼーションは「特定の言語、地域、文化に依存しない形に製品を汎用化すること」で、アプリ開発時に「リソースの外部化」をしたり「プレースホルダーの利用」をしたりします。そのため主にプログラマーが関わります。

この両者はどのように関わるのでしょうか。図1-8に示すように、インターナショナリゼーションでは、ローカリゼーションのための共通の「土台」を作ります。たとえば「リソースの外部化」をしておくと、翻訳者に翻訳対象テキストのみが入ったファイルを手渡せるため、ローカリゼーションが円滑に進みます。また、ローカリゼーションは土台の上に各言語の「家」を建設するようなイメージです。各言語に特殊化した家ということです。

順序としては、まず土台に相当するインターナショナリゼーションをプログラマーが実施し、そのあとに翻訳者が家に相当するローカリゼーションを実施する

5　CLDR（http://cldr.unicode.org/）のバージョン33による。

という流れになります。アプリ翻訳をする場合、各言語に関する理解はもちろんですが、土台の仕組みまで考慮に入れて翻訳しなければなりません。

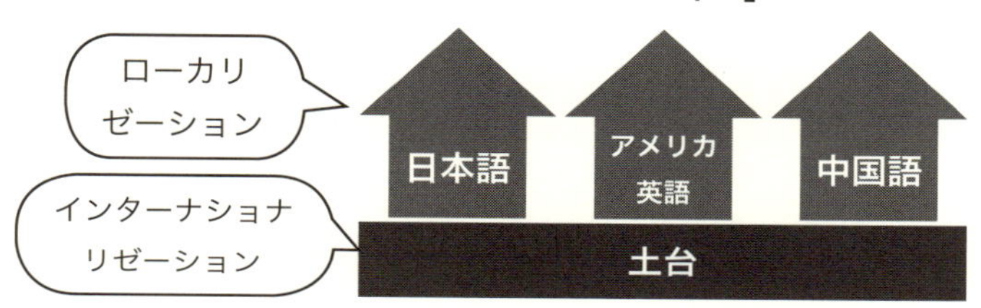

図 1-8：ローカリゼーションとインターナショナリゼーションの関係

ロケールとは

ここまで、言語や地域といった言葉を使ってきました。アプリでは「ロケール」という概念がよく用いられます。一般的にロケールとは「言語」と「地域（国）」を合わせた概念です。

たとえば、同じ英語といっても、アメリカとイギリスではスペルが違うことがありますし、前述のように日付の書き方などが異なります。そのため別々のロケールとして扱われます。アメリカ英語は「en-US」、イギリス英語は「en-GB」というコードを使って表記されることがあります。en は英語、US はアメリカ、GB はイギリスです[6]。さらに、同じカナダ国内でも、英語圏（en-CA）とフランス語圏（fr-CA）があります。これらは別のロケールになります。fr はフランス語、CA はカナダを表します。

アプリ翻訳では通常、ロケールごとに翻訳テキストを作成することになります。第 9 章ではローカリゼーション訓練アプリで翻訳実習をします。ローカリゼーション訓練アプリでもロケールごとにファイルが分かれています。ロケールという概念について、理解しておいてください。

6　言語コードは ISO 639、国コードは ISO 3166-1 で国際的に定められています。

1-5. 翻訳者に必要な知識とスキル

ここまでアプリ翻訳の位置づけについて見てきました。では、アプリ翻訳をするにはどのような知識やスキルが求められるのでしょうか。本書では、大きく「翻訳」、「プロセス」、「調査」、「テクノロジー」という4つに分けて解説します[7]。また本書のどこでそれらを身に付けられるのかを記載しています。

A. 翻訳

原文テキストと文脈を基にして、訳文テキストを作り出すスキルです。ここで「文脈」とは、あるテキストが表示される状況を指します。

当然ながら、翻訳者は原文と訳文の両言語に精通していなければなりません。日本語母語話者であれば学校教育で「英語」を勉強し、英語と日本語との間（英日、日英）で翻訳する人が多いでしょう。もちろん外国語としての英語を習得する努力も大事ですが、実は母語である日本語の表現を磨くことも不可欠です。英日翻訳で読者が最終的に読むのは日本語だからです。ただ外国語だけを勉強していればよいわけではありません。

さらに、仮に2つの言語がそれぞれ流暢にできても、2つの言語間で翻訳ができるとは限りません。たとえば日本語のマニュアルでは、操作指示は「～してください」と書きます。ところが、もし日英翻訳で「Please ～」と英訳すると、英語の読者はくどいという印象を持つことがあります。というのも、英語ではPleaseなしの命令文が一般的だからです。単に言葉を置き換えるだけでなく、言語間の慣習や文化の違いをうまく調整しながら訳す必要があるのです。

また、専門分野のドキュメントで用いられる言語表現も理解しておかなければなりません。日本語が母語であったとしても、たとえば日本の法律条文を何の苦もなくスラスラ読めるわけではありません。日本語を言語として知っている点に加え、分野特有の表現の理解が必要になります。アプリも含め各分野のドキュメントには、それぞれ独特の言語表現が存在します。

7　なおローカリゼーションの研究者であるJiménez-Crespo（2013）は、道具とテクノロジー、翻訳とローカリゼーション、言語と言語外、ストラテジーといった能力を挙げています。

本書では、第５章「翻訳の基本テクニック」と第６章「アプリ翻訳のポイント」でこの「翻訳」に関する知識とスキルを解説しています。第１部の後ろの方で取り上げるのは、直後の第２部で翻訳の実践課題をするためです。身に付けた知識をすぐに実践で試せるよう、第１部の最後に置いてあります。

B. プロセス

翻訳がどのように進められるかに関する知識です。

翻訳は「訳す作業」と思われがちです。確かに訳す作業ではあります。しかし開始前には方針を立てたり、作業中は調査をしたり、作業後は自己チェックしたりします。翻訳作業にはプロセスがあるのです。

また、実翻訳作業自体は翻訳者が担当しますが、翻訳ビジネスはそれだけで完結するわけではありません。前述のように、アプリ翻訳はローカリゼーションの一環として実施されます。多くのケースで、翻訳対象ファイルはアプリ開発会社から翻訳会社に送られ、それがフリーランス翻訳者に送られます。翻訳者が納品したら、それをアプリ内に組み込んだり、訳文の品質評価が実施されたりすることもあります。翻訳ビジネスのプロセスは、実翻訳作業だけでは完結しないのです。さらにビジネスであれば料金などの面も無視できません。

アプリ翻訳をするには、実翻訳作業のプロセスに加え、より大きなビジネスのプロセスについて理解しておく必要があります。

これは第２章「プロセスに関する知識」で解説します。

C. 調査

翻訳を遂行するのに必要な情報を得るスキルです。調査をして原文の意味を把握したり、訳文の妥当性を確認したりできます。

最も分かりやすい調査の例としては、辞書を引くという作業が挙げられます。ただし辞書といっても、和英辞典、英英辞典、専門用語辞典とさまざまな種類があり、うまく使い分けると効率化と質向上を図れます。さらに、スタイルガイドなどの参考資料を調べたり、Google などの検索エンジンを使って情報や表現を調査したり、正規表現でテキストを効率的に検索したりといったスキルも求められます。
第3章「調査に関するスキル」で本内容を扱っています。

D. テクノロジー

翻訳で用いられるツールやテキスト表示の仕組みに関する知識です。
アプリ翻訳では、翻訳メモリー（Translation Memory：TM）などの翻訳支援ツールが利用されます。現在では、翻訳支援ツールが使われないケースのほうが少ないかもしれません。また翻訳対象ファイルはさまざまな形式（例：XLIFF、PO）で提供されたり、納品されたりします。翻訳者は翻訳支援ツールや、翻訳に用いられるファイル形式について知っておく必要があります。
さらに、文字コードやプレースホルダーなどテキスト表示に関わるテクノロジーについての理解も欠かせません。
第4章「テクノロジーに関する知識」で解説しています。

ここで挙げた翻訳者に必要な知識とスキルをまとめると、表1-1のとおりとなります。

カテゴリー	説明	本書で扱う章
翻訳	原文テキストと文脈を基にして、訳文テキストを作り出すスキル	→ 第5、6章 （第2部の第7～9章で実践練習）
プロセス	翻訳がどのように進められるかに関する知識	→ 第2章
調査	翻訳を遂行するのに必要な情報を得られるスキル	→ 第3章
テクノロジー	翻訳で用いられるツールやテキスト表示の仕組みに関する知識	→ 第4章

表1-1：翻訳者に必要な知識とスキル

本章のまとめ

本章ではアプリ翻訳の位置づけと必要な知識やスキルについて見てきました。ポイントをまとめます。

- アプリ翻訳は、ローカリゼーションの一部であり、そのローカリゼーションはグローバリゼーションという大きな枠のなかで実施されます。
- グローバリゼーションには、ローカリゼーションとインターナショナリゼーションが含まれます。
- ローカリゼーションは「特定の言語、地域、文化に合うよう製品を特殊化すること」で、主に翻訳者が関わります。土台の上に建てる各国語の「家」のイメージです。
- インターナショナリゼーションは「特定の言語、地域、文化に依存しない形に製品を汎用化すること」で、主にプログラマーが関わります。各国語の家を建てる共通の「土台」のイメージです。
- ロケールとは、言語と地域（国）を合わせた概念で、「en-US」のようなコードで表記されます。
- アプリ翻訳では、「翻訳」、「プロセス」、「調査」、「テクノロジー」という4つの面で知識やスキルが求められます。

第2章

プロセスに関する知識

本章では、アプリ翻訳のプロセスについて解説します。翻訳はどのように進められるのか、典型的なビジネス・モデルはどうなっているのか、品質はどう評価されるのか、といった話題を取り上げます。もし読者がアプリ翻訳を仕事にするならば、実際の翻訳スキルに加え、プロセスに関する知識は不可欠だと言えます。

2-1. ローカリゼーションの3ステップ

アプリ翻訳はローカリゼーションの一環として実施されると前章で述べました。このローカリゼーションには、以下の基本的な3ステップがあるとされます（Routier、2015）。

1. 抽出
2. 翻訳
3. 統合

まず「抽出」ステップでは、翻訳対象となるテキストや画像などをアプリから取り出します。前章のインターナショナリゼーションで触れた「リソースの外部化」がこれに該当します。そこで例示した、以下のシンプルなプログラムを思い出してください。

```
alert("Hello, world!");
```

このうち翻訳対象テキストとなる「Hello, world!」部分のみを取り出し、翻訳者に渡せる形で別ファイルにまとめるということです。ただし、最初からローカリゼーションを考慮して作られるグローバルな大規模アプリの場合、開発段階からテキストを分離してまとめておくことが普通です。

この抽出ステップは、基本的にプログラミング（インターナショナリゼーション）が関係するため、翻訳者はまず関与しません。翻訳者が活躍するのは、次の「翻訳」ステップです。翻訳ステップは次の 2-2 で詳しく説明します。

最後の「統合」ステップで、翻訳されたテキストや画像をアプリに組み込みます。このステップも基本的には翻訳者ではなく、プログラマーが関与します。

2-2. 翻訳ステップの流れ

翻訳者が関わるのは２つめの「翻訳」のステップです。ここを詳しく解説します。

翻訳者と一口に言っても、社内翻訳者（アプリ開発会社や翻訳会社）、フリーランス翻訳者、ボランティア翻訳者などさまざまで、仕事の依頼主も異なります。ここでは翻訳を依頼する開発部門、翻訳会社、ソースクライアントなどをまとめて「依頼者」という言葉で表現します。

典型的には、翻訳ステップは全体として図 2-1 のような流れとなります。

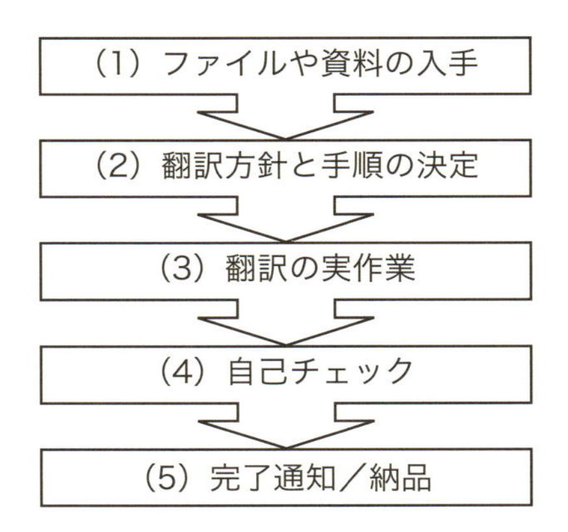

図 2-1：翻訳ステップの流れ

この流れを順に説明します。

(1) ファイルや資料の入手

翻訳を依頼されるとき、翻訳対象ファイル、参考資料、プロジェクト情報など、さまざまなファイルや資料を受け取ります。以下に、受け取る可能性があるファイルや資料を紹介します。もちろんプロジェクトの状況などによって異なります。

翻訳対象ファイル

一般的なビジネス文書ならWordファイル(DOCX)やPowerPointファイル(PPTX)といった形式が多いですが、アプリ翻訳では普段目にしない特殊なファイル形式を使うことがあります。以下にいくつか例示します。詳しくは「4-4. ファイル形式の知識」で解説しますので、そちらをお読みください。

- HTML
- JSON
- PO
- PROPERTIES
- XLIFF
- XML

プロジェクト全般情報

翻訳プロジェクト全体に関する情報です。表2-1のような項目が考えられます。特に納期や料金など、時間とお金に関係する情報は必ず入手しましょう。

項目	例
納期、期限	2/18いっぱいまでに翻訳済みファイルをメール添付で納品
料金、予算	原文1ワードあたり12円(英日) ※アウトソーシングする場合の料金計算方法は2-5で解説
分量	2,365ワード ※英日は原文のワード数、日英は原文の文字数が一般的
翻訳対象部分	基本的にタグは対象外だが、alt属性とtitle属性は翻訳対象

項目	例
使用ツール	TMX 形式が扱える翻訳メモリー
納品ファイル形式	HTML で納品
品質保証	翻訳会社内でバイリンガルチェック

表 2-1：プロジェクト全般情報の項目例

テキスト全般情報

プロジェクトではなく、翻訳対象テキストに関する全般的な情報です。たとえば表 2-2 のような内容です。ただし、対象読者や翻訳の目的といった情報は提供されないこともあります。翻訳者の想像力も必要になります。

項目	例
ドキュメント・タイプ	スマホ・ゲームのヘルプ
言語方向	英語→日本語
対象読者	10 ～ 20 代の男女
翻訳の目的	操作が分からないユーザーを助ける

表 2-2：テキスト全般情報の項目例

ツール

現在では、翻訳メモリー（Translation Memory：TM）などの翻訳支援ツールを用いるプロジェクトが増えています。特に大規模なプロジェクトではほとんどの場合で使用します。そのため、特定のツールを入手して使うよう指定されることもあります。

以下のようなツールが例として挙げられますが、詳細は「4-1. 翻訳支援ツールの知識」で説明します。

- TMS（Translation Management System）
- 翻訳メモリー（TM）

- 機械翻訳（MT）
- 用語ベース
- スタイルチェッカー

参考資料

翻訳時に参照する資料です。アプリ翻訳で重要になるのは次の 2 つです。

- 用語集
- スタイルガイド

アプリはバージョンアップを重ねる間に、何人もの翻訳者が関わります。そのため用語やスタイルの統一は欠かせません。これらについては「3-3. 参考資料」や「6-5. 用語の統一」と「6-6. スタイルの統一」で詳しく解説します。

文脈資料

アプリの UI を翻訳するとき、言葉が使われる文脈をはっきりさせるための資料は欠かせません。英日翻訳で、たとえば「Free」という 1 語が出てきたとします。SD カードの文脈なら「空き容量」と訳すのが適当ですし、ショッピング・アプリなら「無料」、状況によっては「自由」が適当かもしれません。特に UI では短い言葉を翻訳しなければならないケースが多く、短い言葉は文脈が分からないと適切に翻訳できません。

UI の文脈をはっきりさせるための資料としては、以下があります。

- アプリそのもの
- 画面スクリーンショット
- 仕様書

アプリそのものや画面スクリーンショットを入手するのが望ましいですが、もし開発途中なら入手は難しいこともあります。その場合は画面の仕様書でも役に立つことがあります。

あまりローカリゼーションに慣れていないアプリ開発会社の場合、文脈資料の重要さを理解していることはまれです。そのため翻訳者の側から積極的に働きかけて入手する必要があります。「文脈資料がないと翻訳の質が下がる」と言って、できるだけ出してもらいましょう。

(2) 翻訳方針と手順の決定

ファイルや資料を入手したら、どのような方針と手順で翻訳を進めるのかを決めます。

翻訳方針

テキスト全般情報に「ドキュメント・タイプ」、「対象読者」、「翻訳の目的」といった情報が含まれていたら、翻訳者はそこからどのような訳文にするのかを判断します。たとえば以下の英日翻訳を想定してみます。

- ドキュメント・タイプ：スマホ・ゲームのヘルプ
- 対象読者：10 ～ 20 代の男女
- 翻訳の目的：操作が分からないユーザーを助ける

このケースでは次のような翻訳方針を立てられるかもしれません。

- 一文を短めにする（スマホ画面は小さいため）
- 難しい漢字は使わない（小中学生が使う可能性があるため）
- カジュアルな表現を使う（ゲームに親しみを持ってもらうため）

今度は日英翻訳の例を考えてみましょう。

- ドキュメント・タイプ：IoT 製品のパンフレット
- 対象読者：アジア圏の 30 ～ 50 代の技術者
- 翻訳の目的：製品を購入してもらう

この例では、たとえば次のような翻訳方針が考えられます。

- 専門用語を正確に使う（信頼を高めるため）
- 表現をシンプルにする（英語が母国語とは限らないため）
- 金額は米ドル建て、電話番号は国際電話表記（+81 〜）に直す
- 日本の国内事情に関する部分は注を付ける

さらにここに「用語」や「スタイル」の指定があれば反映させます。用語集やスタイルガイドを確認し、たとえば「カタカナ複合語は中黒でつなぐ」という日本語スタイルが指定されていたら、「インターネットユーザー」ではなく「インターネット・ユーザー」という表記を採用します。

手順

複数の翻訳ファイルを受け取った場合、最初のファイルから順に訳していくことが正しいとは必ずしも限りません。

仮に、UI とヘルプの和訳を一緒に依頼されたとします。このとき、通常は UI を先に訳しておいたほうがよいでしょう。というのも、ヘルプは UI 操作について解説するからです。たとえば「Preference」というボタン（つまり UI）の和訳が「個人設定」であると決まっていないと、ヘルプの翻訳時に「[基本設定] をクリックしてください」なのか「[個人設定] をクリックしてください」なのか、訳語が一貫しない可能性があります。

別の例を挙げます。ヘルプは複数のファイル間でリンクされていることが普通です。このとき、リンク先ページのタイトルとリンク元テキストを揃えなければなりません。そのためにページのタイトルだけすべて先に訳しておき、あとで本文に着手するという手順で翻訳するやり方があります（図 2-2）。これは特に複数人で分担して翻訳するときに有効でしょう。

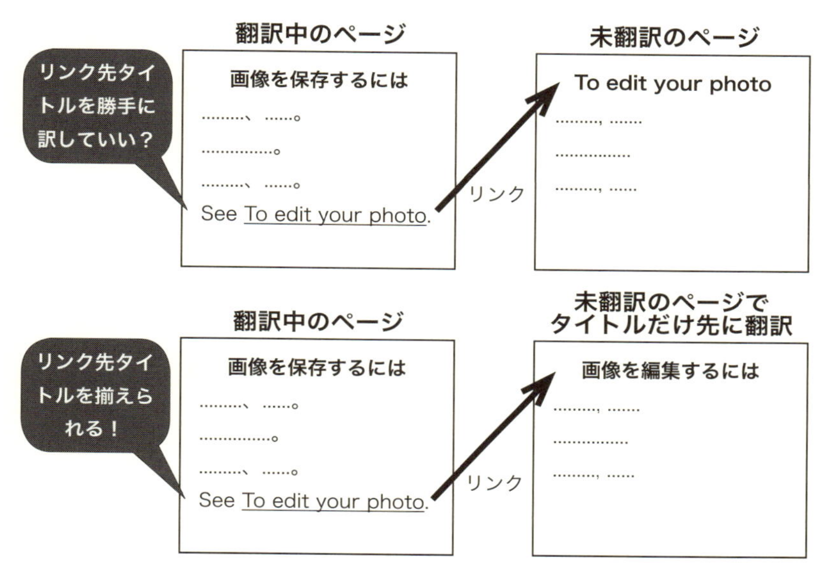

図 2-2：リンク先ページのタイトルだけ先に翻訳

また、翻訳者によっては、翻訳に着手する前に、用語集にある用語をあらかじめ訳文に一括で挿入しておく人もいます。こうすれば用語エラーは防げますし、毎回用語集に当たらなくてもよいので効率的です。

要するに、翻訳の手順をどうするかで、効率や品質が変わるのです。これは純粋な翻訳スキルではありませんが、よい仕事をするのに大事なスキルと言えます。

ただ、翻訳者が手順をコントロールできないケースもあります。たとえば、アプリ翻訳は開発スケジュールに影響を受けます。開発スケジュールが厳しいと、翻訳が完了したファイルから「分納」してほしいと翻訳依頼者から要望されることがありますし、翻訳対象ファイルも少しずつ送られてくることがあります[1]。

（3）翻訳の実作業

方針と手順が決まったら、いよいよ翻訳の実作業に着手します。翻訳実作業時

1　翻訳業界では「五月雨式」（さみだれしき）と呼ばれます。

には、中心となる「訳出」に加え、いくつかの仕事があります。

訳出

翻訳でメインとなる作業です。訳出の具体的なテクニックは、第５章と６章で大きく取り上げます。

調査

翻訳は単に辞書を引いて言葉を置き換える作業ではありません。適切な訳語を調べ、文脈に合った訳文で書いていく作業です。そのためには調査が欠かせません。調査次第で翻訳の品質は大きく変わってくるのです。調査については第３章で詳しく解説しています。

翻訳支援ツールの利用

前述のように、現在の翻訳プロジェクトでは翻訳メモリー（TM）などの翻訳支援ツールを利用します。翻訳支援ツールは翻訳の実作業を効率化するのが目的です。「4-1. 翻訳支援ツールの知識」で詳しく説明しています。

コメントの作成

翻訳依頼者に伝えたほうがよいと思われる点が翻訳中に見つかることがあります。代表的なのは原文のミスです。そういった点は申し送りコメントとして、翻訳中にメモしておきましょう。また原文のミスがあった場合、自分がどう翻訳したのか（どう対応したのか）も合わせて記入しておきます。

コメントは、Excel などの表計算ソフトを使って別ファイルとしてまとめることが多いでしょう。しかし、翻訳支援ツールや TMS（4-3 参照）には翻訳中のコメントを入力できる機能が備わっていることもあります。

(4) 自己チェック

翻訳作業が終わったらすぐに依頼者に戻したり納品したりしたくなります。しかし、いくらうまく仕上げたと考えても、見直すとミスやおかしな訳文は見つかるものです。ここでは翻訳後の自己チェックで確認したいポイントを挙げます。

未翻訳

翻訳すべき部分がまるまる原文のまま残っている状態です。うっかりの場合もありますが、原文テキストが見えないことが原因の場合もあります。たとえばPowerPoint ファイル（PPTX）では、画像の後ろにテキスト・ボックスが隠れてしまうことがあります。またWord の脚注なども見落としがちです。

訳抜け

原文に対応する訳文がないケースです。たとえば原文1文を訳し忘れている状況です。原文と訳文の長さが大幅に違う場合、訳抜けが発生していないか確認しましょう。後述の翻訳支援ツールを使うと防げることがあります。

誤訳

自己チェック時に誤訳をすべて拾うのは難しいですが、特に注意したいのは「意味が逆になっていないか」という点です。英日翻訳であれば、原文のnot を見落とすことは意外にあります。

用語とスタイル

指定された用語とスタイルが使われているか確認します。もし用語やスタイルを一括でチェックできるツールがあれば活用しましょう（例：JTF 日本語スタイルチェッカー）。

表現

スタイルガイドで指定されていない表現も要確認です。たとえば表記のゆれは、最後に全体を自己チェックするときに見つかりがちです。あるセクションの見出しが「ファイルのインストール」という形になっているのに、ほかでは「ファイルをインストールするには」という形になっているようなケースです。

(5) 完了通知／納品

自己チェックが終了したら、翻訳依頼者に完了を知らせます。フリーランス翻訳者であれば「納品」です。

現在でもファイルをメールに添付して納品することが多いですが、TMS を使ってオンラインでファイルを管理している場合、ステータスを変更するだけで完了通知が送られる機能が備わっていることもあります。

もし翻訳段階でコメントを Excel シートなどにまとめていたら忘れずに送付しましょう。

以上が翻訳ステップの典型的な流れです。

2-3. 代表的なビジネス・モデル

翻訳ステップの流れは分かりましたが、そのビジネス面について見てみましょう。無償でボランティア翻訳をするならともかく、翻訳を仕事にするのであればビジネスの側面についても理解は必須です。

まず、代表的な翻訳ビジネスのモデルを 4 つ紹介します。

A. 翻訳会社アウトソーシング・モデル

翻訳を社外の翻訳会社に依頼するモデルで、現在の主流と言えます。

アプリ翻訳では、90 年代からアウトソーシングが増え、翻訳を含むローカリゼーションを専門に請け負う企業が登場してきました（Esselink、2000）。当時のアプリ開発は「ウォーターフォール型」が主流であったため、アウトソーシングが適していたのだろうと考えられます。というのも、一般的にウォーターフォール型では、立てた計画を後戻りせずに滝のように進めようとします[2]。そのため、画面設計やプログラミングが完了して翻訳対象テキストが出揃った時点で翻訳会社にアウトソーシングし、たとえば 1 か月後に訳文を納品してもらうというやり方が可能でした。

フローを図 2-3 で見てみましょう。まず翻訳依頼者は翻訳会社に発注します。続いて翻訳会社は、依頼された翻訳案件を得意とする翻訳者（通常はフリーランス

2　ただし現実には後戻りは発生します。

の個人翻訳者）を選定し、発注します。翻訳者は翻訳作業を終えると、翻訳会社に訳文ファイルを納品します。翻訳会社では品質保証作業（対訳チェックなど）を実施したあと、翻訳依頼者に納品します。

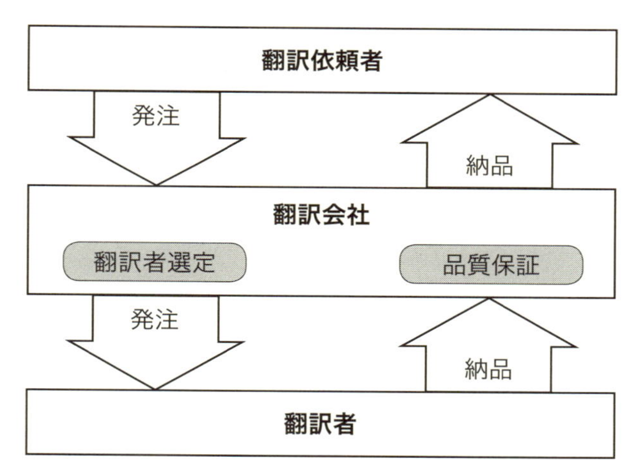

図 2-3：翻訳会社アウトソーシング・モデルのフロー

翻訳依頼者から見たメリットとしては以下が挙げられるでしょう。

- 最適な翻訳者を選んでもらえる（コーディネーション）
- 多言語化や大量の翻訳でもワンストップで対応してもらえる
- 一定以上の品質を確保できる

他方、デメリットも考えられます。

- コストが高い
- 翻訳者との意思疎通が難しい

B. 翻訳者アウトソーシング・モデル

翻訳会社を介さずにフリーランス翻訳者にアウトソーシングするモデルです。

直取引や直接取引とも呼ばれます。

図 2-4 でフローを見てみましょう。翻訳依頼者と翻訳者が直接つながるため、シンプルです。

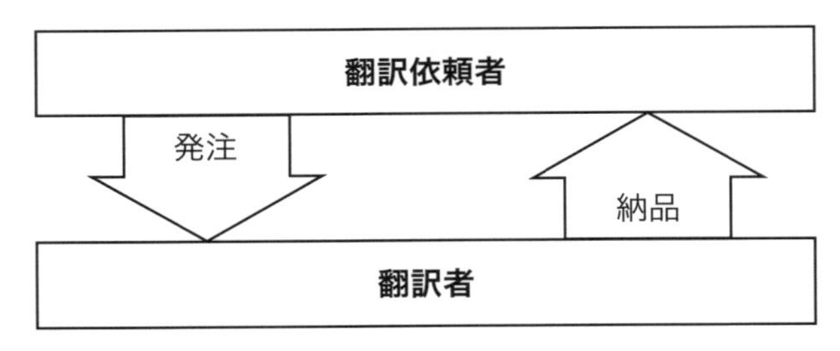

図 2-4：翻訳者アウトソーシング・モデルのフロー

翻訳依頼者からすると以下のメリットが考えられます。

- 自社を理解している翻訳者に依頼できる
- 意思疎通が容易
- 文脈情報を提供しやすいため品質が向上

他方、デメリットもあります。

- 大量の翻訳に対応が難しい
- 第三者による品質保証作業が含まれないこともある

C. クラウドソーシング・モデル

クラウドソーシング（crowdsourcing）とは、不特定多数の人に仕事を依頼するモデルです。2000 年代後半から登場した比較的新しいモデルです。前述の「翻訳者アウトソーシング」の一形態と言えます。

注意したいのは、クラウドソーシングには「有償」と「無償」の 2 種類がある点です。有償の場合、翻訳者は支払いを受けます。一方、無償のクラウドソーシングもあり、オープンソースのアプリ開発プロジェクトでよく目にします。実際のユーザーが翻訳するケースが多くなっています。またオープンソースではありませんが、Twitter や Facebook の UI テキストも実はユーザーが無償で翻訳しています。以下では「有償」のケースを見ていきます。

有償のクラウドソーシング・モデルでは、翻訳依頼者がマーケット上などで案件を公開し、翻訳者を募集します。それを見た翻訳者が応募して仕事を獲得します。翻訳者には専業フリーランスも、副業の人もいます。仕事を請け、翻訳作業が終わると依頼者に納品して完了します。このフローを図 2-5 に示します。

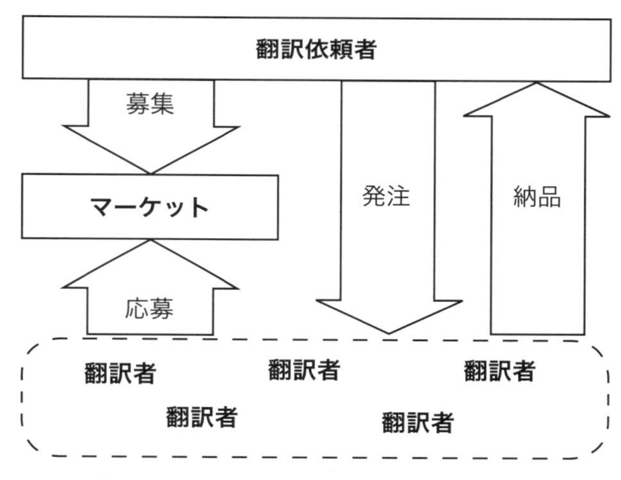

図 2-5：クラウドソーシング・モデルのフロー

特に翻訳会社アウトソーシング・モデルと比較したときのメリットを見てみましょう。翻訳依頼者の視点です。

- 翻訳会社に依頼するよりも安価
- 翻訳者のプロフィールを確認して依頼できる

同様に以下のデメリットも考えられます。

- 多言語化や大量の翻訳にワンストップで対応できない
- 品質を確保できないことがある
  - 例：翻訳会社が提供するような品質保証作業が含まれない

D. 内製モデル

自社内で翻訳をするモデルです。ただし一口に内製といっても幅があります。中小規模の企業では開発者自身やチームメンバーが翻訳することもある一方、大企業になると海外の別部署に依頼することもあります。後者の場合は翻訳会社アウトソーシングに近くなるでしょう。

内製モデルのフローを見てみます。図 2-6 のように、非常にシンプルです。

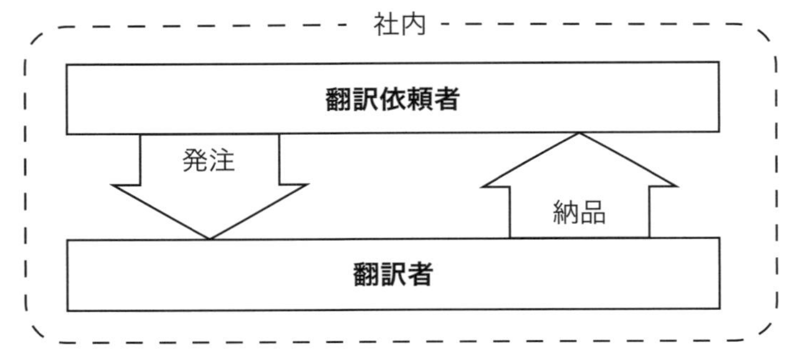

図 2-6：内製モデルのフロー

2010 年代に入ると､アプリ開発で「アジャイル型」が広まってきます。アジャイル型では、アプリ全体ではなく 1 〜数個の機能を数週間程度の短期間で開発してリリースします。スマホ・アプリを使っていると、自動アップデートされて機能が追加されていることがあります。このように短期間で少しずつ開発して更新するのがアジャイル型です。

前述の翻訳会社アウトソーシング・モデルは、アジャイル型開発とはあまり相性が良くありません。アウトソーシングして翻訳会社を経由していると、時間がかかりすぎたり、意思疎通が図れなかったりするからです。そこで内製を重視するアプリ開発会社も出てきています。社内に翻訳者がいると、開発者と密に意思疎通を図ったり、アプリ画面などの文脈情報を入手して訳文の品質を高めたりできます。しかし多言語化の場面や大量の翻訳が発生する場面では内製で対応しきれないこともあり、現在はアウトソーシングと内製の両方をうまく使う方法を模索している企業も多いと言えるでしょう。翻訳依頼者視点でのメリットをまとめてみます。

- 翻訳担当者との意思疎通が容易
- 文脈情報を提供しやすいため品質が向上

逆にデメリットもあります。

- 多言語や大量の翻訳への対応が難しい
- 固定の人件費がかかる

代表的なビジネス・モデルを４つ紹介しました。翻訳者と聞くと、翻訳会社から仕事を請けるフリーランス翻訳者がすぐに想像できるかもしれません。しかし翻訳の仕事は必ずしもアウトソーシング・モデルで行われるわけではありません。特にアジャイル型開発が広まりつつある現在では、社内翻訳者の重要性も増しています。

2-4. フリーランス翻訳者が仕事を探すには

さまざまなビジネス・モデルがあるとはいえ、フリーランス翻訳者を希望する人は多いでしょう。上記のビジネス・モデルを見ると、フリーランス翻訳者にはいくつかの取引先があると分かります。

A. 翻訳会社

翻訳会社に登録し、そこから仕事を請ける方法です。翻訳業界で現在主流であると言えます。翻訳会社や翻訳業界団体（JTF など）のウェブサイト上や、翻訳情報誌上などで募集を見つけられます。

ただし誰でもすぐに登録できるわけではなく、「トライアル」と呼ばれる翻訳試験があります。トライアルでは各翻訳会社が独自に作成した問題を使います。合格率は数パーセントから十数パーセントほどと言われており、比較的狭き門になっています。合格すれば数か月以内程度に仕事の発注があるケースが多いでしょう。もし納品物が良い評価が得られれば、仕事は継続的に発注されます。大部分のフリーランス翻訳者は複数の翻訳会社に登録しています。

一般的に、月末に翻訳会社に当月分の請求書を送付します。たとえば当月に1ワード10円で1万ワードの英日翻訳をした場合、10万円の請求書を送ることになります。料金計算については「2-5. 料金計算方法」で説明しています。

フリーランス翻訳者から見た場合、翻訳会社には以下の機能があります。

営業機能

もしソース・クライアント（大元の翻訳依頼者）から直接仕事を請けようとしたら、クライアントに営業をする必要があります。翻訳会社はその部分を代行してくれます。さらに、直取引では発注の波が激しくなることがあります。しかし翻訳会社は多数のクライアントと取引をしているため、フリーランス翻訳者は仕事を安定的に受注できるというメリットがあります。

サポート機能

翻訳会社はフリーランス翻訳者をサポートしてくれます。たとえば現代のアプリ翻訳では翻訳支援ツールの利用は不可欠ですが、翻訳会社はファイルの破損を修復したり、ツールの使い方を説明してくれたりします。また、翻訳納品物にフィードバックをしてくれることもあります。フィードバックは次回からの改善に役立ちます。

B. クライアント直取引

翻訳会社を経由せず、ソース・クライアントと直接取引をする方法です。翻訳会社を経由しないため、料金を比較的高く設定したり、翻訳に必要な情報を容易に得られたりするメリットがあります。

他方で、翻訳会社の営業機能やサポート機能は期待できません。そのため自分で営業したり、翻訳支援ツールの使い方を習得したりといったことをしなければなりません。

C. クラウドソーシングのマーケット

クラウドソーシングのマーケットで仕事を見つける方法です。

厳しいトライアルがなかったり、自分がやりたい案件に応募できたりする点がメリットです。しかし現実には需給のバランスから低価格競争になりがちで、納得できる価格の仕事を安定的に確保するのは簡単ではないようです。

2-5. 料金計算方法

アウトソーシング・モデルとクラウドソーシング・モデルにおける料金の計算方法を紹介します。内製モデルの社内翻訳者は給与として支払いを受けるのが普通であるため、ここでは触れません。

原文ベースが主流

英日のアプリ翻訳では一般的に、原文1ワードあたり何円という計算で料金を算出します。ワード単価とも呼ばれ、翻訳料金計算の主流となっています。たとえば原文1ワードが10円で「I have a pen.」という英文を和訳した場合、料金は「10円 × 4ワード ＝ 40円」となります。一方、日英では原文1文字あたりで計算します。たとえば原文1文字7円で「私はペンを持っている」という和文を英訳した場合、料金は「7円 × 10文字 ＝ 70円」です。

なお、翻訳の専門分野によっては、原文のワードや文字ではなく、翻訳後（仕上がり）のワード数や文字数でカウントすることもあります。アプリ翻訳では仕上がりで計算することはまずありません。

また、ワードや文字の単価ではなく「時間単価」で計算する方法もあります。たとえば、翻訳校正、アプリの実機翻訳チェック、ワード単価だとあまりに料金が低くなるケース（例：ワード数の少ないUI翻訳）など、ワード単価による料金計算があまり適さない場面で用いられることがあります。

マッチ率による割引

翻訳支援ツールの1つに翻訳メモリー（TM）があります。詳しくは第4章で解説しますが、翻訳メモリーは対訳データベースで、現在翻訳している原文に似た原文を持つ訳文を翻訳者に提示します。訳文候補が提示されると、訳出する手間や時間が省けます。そこで、翻訳メモリーを使う翻訳案件では、似ている度合い（マッチ率）に応じて料金が割り引かれることがあります。

たとえば英語原文「Click here to download」と日本語訳文「ダウンロードするにはここをクリック」という対訳セットがTMに格納されているとします。そこに新規英語原文「Click here to install」が登場したとします。既存対訳セットの原文とは「install」の1ワードが違うだけです。つまり4ワード中3ワードが同じなので、マッチ率は「75%」となります[3]。翻訳者には「ダウンロードするにはここをクリック」という訳文候補が提示されるので、翻訳者は異なる部分（install）だけを修正し、「インストールするにはここをクリック」と翻訳します。

どの程度マッチすれば割り引くのか、また割引率はどの程度にするのかは、各プロジェクトや案件で異なります。マッチ率で割り引いて合計翻訳料金を計算するサンプルを表2-3に示します。英日翻訳を想定しています。

マッチ率	単価（円）	原文ワード数	小計（円）
0～84%（新規扱い）	12	1,000	12,000
85%以上	8	300	2,400
95%以上	6	500	3,000
100%	1	200	200
		合計	**17,600**

表2-3：マッチ率による割引のサンプル

表2-3で、翻訳メモリー内の原文にまったくマッチしない、または84%までマッチする場合は、新規扱いとして「12円」が支払われます。原文に85%以上

3　翻訳メモリーによっては異なる計算方法が用いられます。

マッチする場合は「8円」、同様に95%以上は「6円」が支払われるということです。マッチ率が高ければ高いほど、割引も大きくなっています。

100%マッチということは、原文がまったく同じ訳文がTM内に存在するということです。こういうケースでは「0円」とし、翻訳をしなくてよいとする翻訳会社（またはソース・クライアント）もいます。しかし、100%マッチでも翻訳者による確認が必要なケースもあります。たとえば英語原文「Japanese」に日本語訳文「日本人」という対訳セットがTMに入っていたとします。しかしこれから翻訳する「Japanese」が言語選択メニューという文脈で登場する場合、「日本人」ではなく「日本語」が適当です。100%マッチだからといって確認が不要であるとは限りません。そういったときに料金（上記例だと1円）を支払って翻訳者に確認してもらうケースもあるのです[4]。

翻訳の目安分量

プロの翻訳者が一日で翻訳できる目安分量は､英日で1,500～2,500ワード(原文ベース)、日英で2,500～3,500文字（原文ベース）とされています。

翻訳者の経験、得意分野、ドキュメント・タイプといった点からも、この数字は変わってきます。ボタン名などのUIは、ワード数や文字数の割に調査に時間がかかり、目安分量より少なくなります。一方、翻訳メモリーや機械翻訳を活用しながらヘルプやマニュアルを翻訳する場合、大幅に多く翻訳できます。また、フルタイムなのかパートタイムなのかでも違いが生じます。

自分が一日にできる分量を把握しておかないと、納期に遅れたり、時間が足りずに仕事が雑になったりすることがあります。依頼者に迷惑をかけて信用を失うことになるので、自分が一日に翻訳できる分量はきちんと把握しておきましょう。

2-6. 翻訳の品質評価

翻訳者から翻訳会社に、または翻訳会社からソース・クライアントに訳文が納

4　TM内と翻訳中ドキュメント内で、前後に出現する言葉もまったく同じ場合はICE（In-Context Exact）マッチなどと呼ばれることがあります。単純な100%マッチよりも精度が高いとされます。

品されると、品質評価が実施されることがあります。納品物に問題がないか確認したり、翻訳者の能力を測定したりする目的で行います。

品質評価のアプローチ

そもそも翻訳の「品質」はどのように測るのでしょうか。Fields ら（2014）は経営学者 Garvin（1984）の議論に基づき、翻訳の品質評価を5つのアプローチに分類しました。以下の超越的、プロダクトベース、ユーザーベース、生産ベース、価値ベースです[5]。

A. 超越的：専門家が主観的に訳文を評価
B. プロダクトベース：客観的な指標で訳文を評価
C. ユーザーベース：ユーザーが主観的に訳文を評価
D. 生産ベース：あらかじめ定めた要件や仕様をどの程度満たすかで評価
E. 価値ベース：費用と便益の比較で評価

このうち、直接的に翻訳成果物を評価できるのはA～Cの3つです。現在、欧米の翻訳業界で用いられているのはBの「プロダクトベース」の一種で、エラー・カテゴリーを使った「エラー評価」です。たとえばLISA QA Model、SAE J2450、MQMが代表的です[6]。また日本でも、日本翻訳連盟（JTF）がエラー評価に基づく「JTF翻訳品質評価ガイドライン」を作成しています。ここからはそのエラー評価について詳しく説明します。

エラー評価の方法

エラー評価とは、訳文中にどういったカテゴリーのエラーがいくつあるのかカウントして評価する方法です。

このとき、各エラーは重大度に応じて点数を付けるのが一般的です。たとえば

5　詳しくは、西野著「翻訳品質のランチボックス：翻訳の「品質」とは（2）」（日本翻訳ジャーナル、No. 284、2016年）を参照してください。
6　2018年8月現在でドラフト段階ですが、「ISO 21999」もこれに含まれます。

「深刻」エラーなら100点、「重度」エラーなら10点、「軽度」エラーなら1点といった具合です。つまりエラーが重大であればあるほど点数は高くなります。

エラー・カテゴリー

では、どのようなエラー・カテゴリーがあるのでしょうか。ここではヨーロッパで作られたMQM（Multidimensional Quality Metrics）のカテゴリーを取り上げます。なかでもMQM Coreと呼ばれる基本的なカテゴリーのうち、上位レベルのみを表2-4で紹介します。詳細な分類はMQMのウェブサイト（http://www.qt21.eu/mqm-definition/）を参照してください。

カテゴリー	説明
正確さ（Accuracy）	訳文が原文の内容を反映していない。「誤訳」や「抜け」などが含まれる
流暢さ（Fluency）	訳文テキストが形式として整っていない。「スペルミス」や「文法ミス」などが含まれる
用語（Terminology）	専門分野の用語や指定の用語が用いられていない
スタイル（Style）	指定のスタイルが用いられていない
デザイン（Design）	言語面ではなくデザイン面で問題がある。訳文が切れていて表示されていない場合など
ロケール慣習（Locale convention）	訳文のロケールの慣習に違反している。「日付形式」や「度量衡形式」などが含まれる
事実性（Verity）	訳文の内容が事実と異なる。「発売中」と書かれているのに、日本ではまだ買えない、など

表2-4：MQM Coreの上位カテゴリー

エラー評価の例

具体的なエラー評価の例を見てみましょう。以下の英日翻訳を評価すると仮定します。

【原文】You can easily find and play videos from the Recent list. To change the number of videos shown in the list, click MyPlayer > Preference > Recent. Enter a number less than 10.

【訳文】「最近」リストから簡単にビデオを見つけられます。このリストに表示されるビデオの数を変更するには、「MyPlayer」>「個人設定」>「最近」をクリックします。10 以下の数字を入力します。

1 文めを見ると、原文は「find and play」なのに訳文は「見つけられます」となっています。訳文が原文の内容を反映していないため「正確さ」カテゴリーのエラーに分類します。重大度は「軽度」と判断し、1 点とカウントします。

2 文めの訳文を見ると、クリックの連続操作が「>」で書かれています。もしスタイルガイドで、連続操作は「→」を使うと指定されていたとしたら「スタイル」カテゴリーのエラーになります。こちらの重大度も「軽度」と判断し、1 点を加算します。

3 文めを見ると、原文は「less than 10」なのに訳文は「10 以下」となっています。英語の「less than 〜」はその数字を含まないため、「〜未満」と訳さなければなりません。誤訳と考えられるため「正確さ」カテゴリーのエラーとします。またやや重いエラーと判断して「重度」の 10 点を付けます。

結果をまとめると、表 2-5 のようになります。

原文	訳文	内容	カテゴリー	重大度	点数
find and play	見つけられます	play の訳が抜けている	正確さ	軽度	1
>	>	「→」を使う	スタイル	軽度	1
less than 10	10 以下	「10 未満」に	正確さ	重度	10
				合計点数	12

表 2-5：エラー評価の例

エラー評価では、原文 1,000 単位（ワードなど）あたりの点数で合否を判断するのが一般的です。

仮に、英日翻訳で「1,000 ワードあたり 50 点未満」が合格ラインに設定されているとします。上記の例だと原文は 32 ワードなので、1,000 ワードあたりに換算すると、「375 点」（12 ÷ 32 × 1,000）になります。50 点未満が合格ラインなので、残念ながら不合格という判断が下されます。

実際のところ、日本の翻訳業界では全体としてまだエラー評価は普及しているとは言えません。しかしアプリの場合はヨーロッパやアメリカの企業がソース・クライアントになることがあり、エラー評価は頻繁に用いられています。使われるエラー・カテゴリーや重大度は企業によって異なることもありますが、基本的な考え方は同じです。

本章のまとめ

本章ではアプリ翻訳のプロセスについて説明しました。重要なポイントをまとめます。

- ローカリゼーションには「抽出」、「翻訳」、「統合」という 3 ステップがあり、翻訳者が関わるのは「翻訳」ステップです。
- 翻訳ステップには典型的な流れがあります。
    1. ファイルや資料の入手
    2. 翻訳方針と手順の決定
    3. 翻訳の実作業
    4. 自己チェック
    5. 完了通知／納品
- 代表的なビジネス・モデルには、「翻訳会社アウトソーシング」、「翻訳者アウトソーシング」、「クラウドソーシング」、「内製」があります。
- フリーランス翻訳者が仕事を探すには、「翻訳会社」、「クライアント直取引」、「クラウドソーシングのマーケット」が候補になります。
- 翻訳料金の計算方法は「原文ベース」が主流で、翻訳支援ツールを使うと「マッチ率による割引」が適用されることがあります。

- プロの翻訳者が一日に翻訳できる目安分量は、英日で原文 1,500 ～ 2,500 ワード、日英で原文 2,500 ～ 3,500 文字程度です。
- 翻訳の品質評価方法としては「エラー評価」が欧米で用いられています。
- エラー評価は、「エラー・カテゴリー」と「重大度」で点数を付け、合計点数から合否を判断します。

第3章

調査に関するスキル

翻訳中、翻訳者はさまざまな調べ物をします。実際の訳出よりも調査に時間がかかることもあります。本章では翻訳時の調査で必要となるスキルについて解説します。

3-1. 辞書

言葉を扱う翻訳者にとって最も重要なツールは辞書でしょう。そのため、適切な辞書を入手して活用するスキルは必須だと言えます。このセクションでは、翻訳者が主に使う辞書を紹介します。本書は英語と日本語との間の翻訳を扱っているため、その2言語に関する辞書を対象とします。

A. 英和辞典、和英辞典

英語から日本語、または日本語から英語に翻訳する際に使います。訳語候補を知りたいときに便利です。うまく使うと実力以上の訳文を作れることがあります。

収録語数から言うと大きな辞典が有利です。たとえば、英和なら『ランダムハウス英和大辞典』や『リーダーズ英和辞典』、和英なら『新和英大辞典』です。ただ一方で、収録語数は劣るものの、説明が丁寧で良い訳語が載っている学習辞典（例：ウィズダム英和辞典やオーレックス英和辞典）も使うべきだという翻訳者の意見もあります（高橋、2017年）。

検索性や携帯性といった面を考えると、紙よりもウェブ上の辞書サービスを活用したいところでしょう。新しい語が早く収録される利点もあります。無料サービスを挙げると、goo辞書では小学館の『ランダムハウス英和大辞典』や『プログレッシブ和英中辞典』が引けます。また、Weblioでは研究社の『新英和中辞典』と『新和英中辞典』、コトバンクでは小学館の『プログレッシブ英和中辞典』と『プログレッシブ和英中辞典』を利用できます。さらに収録語数や更新頻度を考えると「英辞郎 on the WEB」も候補となります。

一方、有料サービスには英和和英以外にもさまざまな辞書を利用できるといった利点があります。たとえば「研究社オンライン・ディクショナリー（KOD）」、「三省堂 Web Dictionary」、「ジャパンナレッジ」です。

英和和英辞典はいくつか実際に使って翻訳し、良さそうなものを見つけましょう。ウェブ上で使える辞書のうち、無料で試せるものを表3-1にまとめます。ただ、翻訳を仕事にするのであれば有料版も検討するべきです。

種類	名前	利用できるサイト
英和	ランダムハウス英和大辞典	goo 辞書（https://dictionary.goo.ne.jp/en/）
英和	新英和中辞典	Weblio（https://ejje.weblio.jp/）
英和	プログレッシブ英和中辞典	コトバンク（https://kotobank.jp/）
和英	新和英中辞典	Weblio
和英	プログレッシブ和英中辞典	goo 辞書／コトバンク
英和和英	英辞郎 on the WEB	アルク（https://www.alc.co.jp/）

表3-1：無料のオンライン英和和英辞典

英和和英辞典を使うときの注意

翻訳初心者には、辞書を引くと最初に出てきた訳語に飛びついてしまう人がいます。しかし、求めていた訳語や意味が後ろのほうに書かれているというケースはよくあります。「この訳語じゃ文脈に合わないな」と感じたら、後ろのほうまでしっかり読むようにしましょう。

また、オンライン辞書は新しい語が載っていて便利です。しかし他方で、専門家による検証が行き届いていない部分があるのではという主張もあります。特に機械的に対訳を作っているような場合は要注意です。もし訳語に違和感を覚えたら、別の資料にも当たるようにしましょう。

B. 英英辞典

英英辞典では、英単語が英語で説明されています。英和辞典と違って訳語が調べられないため、使ったことがない人も多いでしょう。確かに英英辞典に訳語は出てきませんが、英単語の「意味」が細かく説明されており、微妙なニュアンスの違いを調べるときに便利です。

たとえば「検証する」という言葉に対応する英単語を和英辞典で引くと、inspect、validate、verify あたりが候補に挙がります。この3つの英単語はどう違い、どう使い分ければよいのでしょうか。Oxford Advanced Learner's Dictionary（OALD）という英英辞典で調べてみます。

- inspect：to look closely at something/somebody, especially to check that everything is as it should be[1]
- validate：to prove that something is true[2]
- verify：to check that something is true or accurate[3]

inspect は「人や物を間近で観察し、あるべき状態になっているか確かめる」、validate は「何かが正しいことを証明する」、verify は「何かが正しいまたは正確であることを確かめる」というニュアンスです。3つの「検証する」の違いが分かるのではないでしょうか。英英辞典はこういった場面で役に立ちます。

オンラインで無料で使える英英辞典はいくつもあります。筆者が便利に使っているサービスとしては、前述の「Oxford Advanced Learner's Dictionary」や「Collins English Dictionary」が挙げられます。後者の Collins では、ある単語が年代別にどの程度使用されたかというグラフが表示されるなど、関連情報も豊富です。

1 OALD の「inspect」：https://www.oxfordlearnersdictionaries.com/definition/english/inspect
2 OALD の「validate」：https://www.oxfordlearnersdictionaries.com/definition/english/validate
3 OALD の「verify」：https://www.oxfordlearnersdictionaries.com/definition/english/verify

C. 国語辞典、類語辞典

日本語母語話者であっても、まったく問題なしに日本語を書けるわけではありません。むしろ母語話者だからこそ、自分の書く日本語に注意を払いたいものです。そういった場面で役立つのが国語辞典と類語辞典です。

言うまでもありませんが、国語辞典は日本語の意味を調べるときに使います。ウェブ上では、小学館の『デジタル大辞泉』がgoo辞書とコトバンクで、三省堂の『大辞林』がWeblioで無料で検索できます。

一方、類語辞典は「言い換え」をしたいときに有用です。たとえば和訳をしていて、「使用」という言葉を何度も書いたとします。同じ言葉ばかり使うと表現が単調になりがちです。そのようなときに類語辞典を使います。goo辞書の類語辞典は小学館の『類語例解辞典』を収録しており、ここで「使用」という言葉を入力すると、類語として「利用」、「運用」、「活用」が表示され、使い分け方も解説されています。

なお、英語にも類語辞典はあり、Thesaurus（シソーラス）と呼ばれています。たとえば前述のCollins Dictionaryにも「Collins Thesaurus」という類語辞典があります。

D. IT専門用語辞典

どの専門分野にも特有の言葉があります。ITにももちろんあり、そういった言葉を調べられるのがIT専門用語辞典です。

まずウェブ上で無料で使えるサービスとしては、先ほども挙げたWeblioがあります。Weblio英和和英辞典では一般的な辞典に加え、日外アソシエーツの『コンピューター用語辞典』や研究社の『英和コンピューター用語辞典』といったコンピューター専門辞典もまとめて引けます。検索結果の下のほうに表示されるので、見落とさないようにスクロールしましょう。

また、マイクロソフト製品の用語を調べたいときは「ランゲージ・ポータル」が便利です。マイクロソフトはOSを提供しているため、同社の用語を参考にしているアプリ開発会社は数多くあります。もし一般的な辞典で見つからない用語があれば、ランゲージ・ポータルも活用してみましょう。

ここまで紹介した英英、国語、類語、IT 専門用語の無料オンライン辞典を表 3-2 にまとめます。繰り返しになりますが、翻訳を仕事にするなら有料版も検討しましょう。

種類	名前	利用できるサイト
英英	Oxford Advanced Learner's Dictionary	URL：https://www.oxfordlearnersdictionaries.com/
英英	Collins English Dictionary	URL：https://www.collinsdictionary.com/dictionary/english
国語	デジタル大辞泉	goo 辞書（https://dictionary.goo.ne.jp/jn/） コトバンク（https://kotobank.jp/dictionary/daijisen/）
国語	大辞林	Weblio（https://www.weblio.jp/）
類語	類語例解辞典	goo 辞書（https://dictionary.goo.ne.jp/thsrs/）
英類語	Collins Thesaurus	URL：https://www.collinsdictionary.com/dictionary/english-thesaurus
IT	コンピューター用語辞典	Weblio 英和和英辞典（https://ejje.weblio.jp/）
IT	英和コンピューター用語辞典	
IT	マイクロソフトのランゲージ・ポータル	URL：https://www.microsoft.com/ja-jp/language

表 3-2：無料のオンライン英英辞典など

3-2. コーパス

コーパスとは、ニュースや小説など大量のテキストを電子化して検索できる形にした言語資料です。辞書では言葉の定義や「どう使うべきか」を調べられます。他方、コーパスでは「実際にどう使われているか」を調べられます。ある言葉が実社会で広く使われているかを確かめたいときに有用です。

コーパスはいくつかの方法で利用できます。

A. オンライン・コーパスを使う

英語

英語コーパスとしては、イギリス英語を集めたBNC（British National Corpus）のウェブ版であるBNCwebがまず挙げられます。利用前にユーザー登録が必要です。さらに、アメリカ現代英語を集めた「COCA（Corpus of Contemporary American English）」もあります。こちらもユーザー登録すると、検索履歴を残せるなどの機能があります。

日本語

日本語でもオンラインで使えるコーパスがあり、有名なのは国立国語研究所の現代日本語書き言葉均衡コーパスを検索できる「少納言」です。書籍を中心にした約1億語のコーパスです。また「NINJAL-LWP for TWC」では、ウェブから取得した約11億語からなる「筑波ウェブコーパス」を検索できます。

英語および日本語のオンライン・コーパスを表3-3にまとめます。

種類	名前	URL
イギリス英語	BNCweb	http://bncweb.lancs.ac.uk/
アメリカ英語	COCA	https://corpus.byu.edu/coca/
日本語	少納言	http://www.kotonoha.gr.jp/shonagon/
日本語	NINJAL-LWP for TWC	http://nlt.tsukuba.lagoinst.info/

表3-3：英語および日本語のオンライン・コーパス

B. ウェブをコーパスにする

ここまでで紹介したオンライン・コーパスは便利ですが、言語学の基礎知識を持っている人をユーザーとして想定しているため、使い方が難しかったり慣れるまでに時間がかかったりすることもあります。そこで、Google などの検索エンジンを活用し、ウェブ自体をコーパスとして使う方法もあります。

Google でウェブを検索するには「演算子」の使い方が鍵になります。本章「3-4. 検索エンジンの使い方」で説明します。

C. コーパスを自作する

既存のオンライン・コーパスは分野に偏りが出ないように収集しているため、特定分野で用いられる表現を見つけるのには適していません。同様にウェブをコーパスにした場合もさまざまな分野のテキストが検索対象になります。そのため、自分で専門分野のデータを集め、コーパスを自作することもできます[4]。

アプリに関するコーパスを作成したい場合、通常は以下の手順で実施します。

1. テキストを入手する
2. クリーニングする
3. テキスト・ファイルとして保存する
4. 翻訳中に検索用ツールで調べる

ステップ 1 では、ウェブサイトや PDF などから UI やヘルプ／マニュアルのテキストを入手します。日英翻訳時に英語表現を確認する目的で英語コーパスを作成するなら、数万～ 10 万ワードほど集めれば十分でしょう。

ステップ 2 と 3 では、HTML タグなど中身と関係がない不要な文字を消し、検索しやすくします。その上で、検索用ツールで扱いやすいプレーン・テキスト形式（.txt）にし、ローカルに保存します。文字コードを指定するなら Unicode（UTF-8）がよいでしょう。複数のファイルがある場合は 1 つのフォルダーにまとめておきます。

ステップ 4 の検索用ツールの例として、grep ツールがあります。これは複数

4　著作権には十分注意を払ってください。なお著作権法第 47 条の 7 では、コンピューターなどを使って情報解析することを目的とする場合に、必要と認められる限度において、記録媒体に著作物を複製できるとされています。

のテキスト・ファイルをまとめて検索できるアプリのことです。一般的なテキスト・エディターにgrep機能が搭載されていることもあり、Windowsアプリならたとえば「秀丸」にも同機能があります。専用ツールには「KWIC Finder」があります。また、言語学の研究者が使うコンコーダンサーというツールも存在しますが、使いこなせるまでにやや時間がかかるでしょう。

なお、検索ツールを使う際は「正規表現」を知っていると便利です。正規表現については本章「3-5. 正規表現の使い方」で解説しています。

3-3. 参考資料

翻訳者が翻訳を依頼されるときは、参考資料が一緒に送付されることが多いでしょう。こういった参考資料を適宜調べつつ、翻訳を進めることになります。

送られてくる参考資料の代表例としては「用語集」、「スタイルガイド」、「既存訳」があります。

A. 用語集

アプリ翻訳における「用語集」とは、用いるべき訳語がまとめられた資料です。英日翻訳プロジェクトであれば、英語と日本語の対訳で用語が掲載されています。翻訳者は翻訳中に、用語集に掲載された言葉を使って訳文を作っていきます。

ローカリゼーションで特に目にする用語集は、すでにUIで用いられている訳語をまとめたもの（UI用語集）です。ボタン名などのUIはあらかじめ訳語を作っておかないと、ヘルプやマニュアルの翻訳でそのボタン名が出てきたとき、訳が一致しない危険性があります。たとえばヘルプで「Click the Preference button」という英語原文があるとき、翻訳者が「[個人設定]ボタンをクリックしてください」と訳したとします。しかし実際のUIが「プリファレンス」となっていた場合、訳が一致せず、ユーザーは混乱してしまいます。このように、UI用語集はヘルプなどを訳すときに参照します。もしヘルプなどを翻訳する際にUI用語集がなければ、翻訳依頼者に確認を取ったほうが安全です。

用語集はExcelなどの表計算ソフト用ファイルで支給されることも、用語ベースというツール用のファイルで支給されることもあります。表計算ソフト用ファイルは .xlsx といった拡張子のファイルですが、用語ベースは .tbx といった普段見かけない拡張子のファイルが用いられます。TBX については「4-4. ファイル形式の知識」で触れています。

B. スタイルガイド

「スタイルガイド」とは、表記スタイルのルールが掲載されている資料です。アプリ翻訳のスタイルガイドであれば、たとえばカタカナ長音のルール（例:「ユーザー」か「ユーザ」か）が記載されています。翻訳者はスタイルガイドに記載されたルールに従って訳文を作っていきます。

通常、スタイルガイドは翻訳依頼時に指定されます。もし比較的大きな翻訳案件なのにスタイルガイドが指定されない場合、翻訳依頼者に確認を取ったほうがよいでしょう。大きな翻訳案件では複数の翻訳者が担当することもあるため、スタイルガイドがないと表記がバラバラになってしまいます。

単発で小さな翻訳案件ではスタイルガイドが指定されないこともあります。しかしスタイルが不統一だと翻訳の質が低いと思われかねません。仮にスタイルガイドが指定されなくても、何かしらのルールに則って統一しておいたほうが安全でしょう。

スタイルガイドはさまざまな企業や団体が作成しています。アプリ翻訳の場合、アプリ開発会社が独自に作成したものか、翻訳業界団体が作成したものを用いることがほとんどです。前者の場合、マイクロソフト社やアップル社が作成したスタイルガイドがあります。後者の場合、「JTF 日本語標準スタイルガイド」が代表例として挙げられます。JTF スタイルガイドは日本翻訳連盟（JTF）[5]が無償で公開しており、同団体のウェブサイトからダウンロードできます。また翻訳依頼者からスタイルガイドの指定がない場合に、JTF スタイルガイドを使ってスタイルの統一を図るのもよい方法です。

なお、付録で、アプリ分野で用いられるスタイルガイド（英語と日本語）を紹介しています。

5 JTF の URL：http://www.jtf.jp/

C. 既存訳

翻訳依頼時に、きっちりとした用語集やスタイルガイドが用意されていないケースも目にします。そういったときに翻訳依頼者から「既存訳に合わせてほしい」と言われることがあります。既存訳はウェブ・ページや PDF ファイルの場合もありますし、翻訳メモリー（TM）として提供されることもあります。

既存訳を調べるときに注目するべきポイントは、やはり用語とスタイルです。特にスタイルは文書全体に影響するので要注意です。アプリ翻訳で重要な日本語スタイルは「6-6. スタイルの統一」にまとめました。項目名だけを挙げます。

- カタカナの長音
- カタカナの複合語
- 数字やアルファベットの全角と半角
- 全角文字と半角文字との間の半角スペース
- リストの文体と句点
- 見出し

3-4. 検索エンジンの使い方

Google や Bing といった検索エンジンを使うと、ウェブ上の情報を調べられます。情報そのもの（例：製品のスペック）を調査する以外にも、コーパス代わりにして言語表現を調査する目的で使えます。日本語母語話者であれば、とりわけ日英翻訳時に英語表現を調べるときに重宝するでしょう。

Google 検索の演算子

検索エンジンを使いこなすために覚えておきたいのは演算子（特殊文字）です。ここでは Google 検索で用いられる演算子を解説します。

a. ダブル・クォーテーションで完全一致

日英翻訳中、たとえば「available for download」という英語表現が妥当であるのか確かめたいとします。Google で「available for download」と入力して検索すると、期待どおりの結果が得られることもあります[6]。しかし図 3-1 のように、入力していない語（to）が入った結果や、単語が別々の場所に分かれてしまう結果も表示されます。検索結果を 1 つずつ見て確かめるのは効率が悪いでしょう。

Download - Magento
https://magento.com/tech-resources/download ▾ このページを訳す
This provides a better overall in-app experience and improved ability to manage processes such as upgrading or managing Magento and third-party components (modules, themes, languages). Learn how **to download** the Magento 2.0 ...

(2018) How to Download Netflix Movies & Shows to Watch Offline on ...
https://www.iphonelife.com/.../how-to-watch-netflix-offline-iphone-... ▾ このページを訳す
2018/04/02 - How **to Download** Movies & Shows from Netflix to Watch Offline on iPad or iPhone Update (or download) Netflix. Tap the Menu icon in the upper left corner that looks like three horizontal lines. From the menu, tap **Available for** ...

図 3-1：Google で「available for download」と検索した結果

そこで使いたいのがダブル・クォーテーションです。完全に一致させたい言葉を「"available for download"」のようにダブル・クォーテーションで囲って検索します。すると、図 3-2 のように完全に一致する結果だけが表示されます。

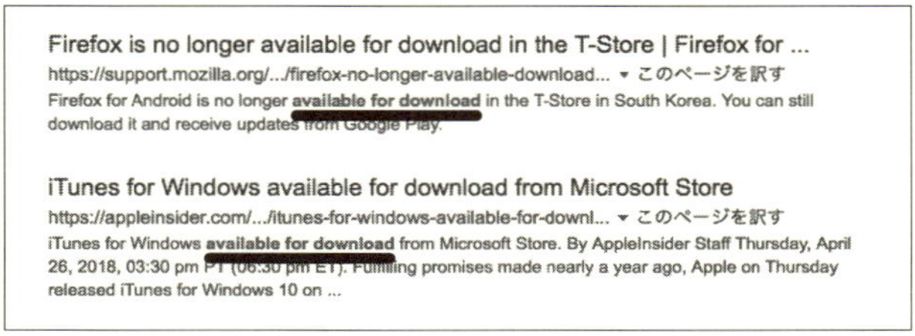

Firefox is no longer available for download in the T-Store | Firefox for ...
https://support.mozilla.org/.../firefox-no-longer-available-download... ▾ このページを訳す
Firefox for Android is no longer **available for download** in the T-Store in South Korea. You can still download it and receive updates from Google Play.

iTunes for Windows available for download from Microsoft Store
https://appleinsider.com/.../itunes-for-windows-available-for-downl... ▾ このページを訳す
iTunes for Windows **available for download** from Microsoft Store. By AppleInsider Staff Thursday, April 26, 2018, 03:30 pm PT (06:30 pm ET). Fulfilling promises made nearly a year ago, Apple on Thursday released iTunes for Windows 10 on ...

図 3-2：Google で「"available for download"」と検索した結果

6　これ以降の Google 検索の結果は 2018 年 5 月のものです。

b. アスタリスクはワイルドカード

上記の方法で「available for download」という言葉が一般的に用いられていることは分かりました。しかし「for の部分に別の前置詞が使われる可能性もあるのでは？」と考えたとします。

こういったケースで便利なのはワイルドカードです。Google 検索では、ワイルドカードにアスタリスク（*）を使用します。ただしダブル・クォーテーション内で使う必要があります。つまり「"available * download"」という形です。アスタリスクには1語ではなく、複数の語が入ることもあります。この検索結果の一部を図3-3に示します。「available to download」や「available from the archive download」がヒットしています。

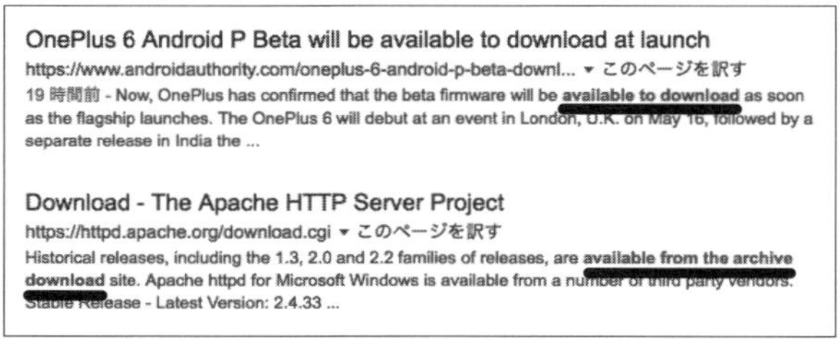

OnePlus 6 Android P Beta will be available to download at launch
https://www.androidauthority.com/oneplus-6-android-p-beta-downl... ▾ このページを訳す
19 時間前 - Now, OnePlus has confirmed that the beta firmware will be **available to download** as soon as the flagship launches. The OnePlus 6 will debut at an event in London, U.K. on May 16, followed by a separate release in India the ...

Download - The Apache HTTP Server Project
https://httpd.apache.org/download.cgi ▾ このページを訳す
Historical releases, including the 1.3, 2.0 and 2.2 families of releases, are **available from the archive download** site. Apache httpd for Microsoft Windows is available from a number of third party vendors. Stable Release - Latest Version: 2.4.33 ...

図 3-3：Google で「"available * download"」と検索した結果

c.「site:」で特定ドメインを検索

ここまで見てきた「available for download」という表現が、ある国や企業で使われているかを調べることもできます。検索語に続けて「site: ドメイン名」を付けることで、そのドメインのみを検索対象にできます。たとえば、マイクロソフトで使われているかどうかを知りたければ「"available for download" site:microsoft.com」です。ドメイン名は「support.microsoft.com」のようにサブドメインを含めても問題ありません。

英語表現を確認するのに使えるドメインを表3-4でいくつか紹介します。

ドメイン	説明
gov	アメリカ政府機関のドメイン。硬めのきちんとした表現が期待できる
edu	アメリカの大学を主とするドメイン。アカデミック英語表現を期待できるが、留学生の書く英語も多いので注意
ac.uk	イギリスの学校のドメイン。同上
edu.au	オーストラリアの大学のドメイン。同上
企業ドメイン	ある企業特有の表現を調べられる。例：ibm.com、microsoft.com、apple.com
github.com	アプリ開発プラットフォーム GitHub のサイト。開発者が使う表現を調べられる

表 3-4：英語表現の調査に使えるドメイン

d. マイナス記号で除外

マイナス記号 (-) を使うことで、その言葉が入った結果を除外できます。たとえば「"available for" -download」とすると、download を含まない「available for」という表現を検索できます。

マイナス記号はドメイン検索でも利用できます。たとえば日本人が書いたかもしれない英語表現を除外したいとき、「"available for download" -site:jp」とすると、jp ドメインの結果は表示されません。

ここまで紹介した Google 検索の演算子を表 3-5 にまとめます。翻訳中の表現調査でよく使う演算子です。

演算子	効果	例
ダブル・クォーテーション (" ")	表現を完全一致で調べられる	"available for download"
アスタリスク (*)	ワイルドカード。ただしダブル・クォーテーション内で	"available * download"

演算子	効果	例
site:<ドメイン名>	指定ドメイン内で検索	"available for download" site:microsoft.com
マイナス記号（-）	検索語の除外。ドメインにも使える	"available for download" -site:jp

表 3-5：表現調査で便利に使える Google 検索演算子

画像検索と動画検索

検索エンジンで調べられるのは言葉だけではありません。たとえば VR（仮想現実）デバイスに関する英日翻訳をしていて、「magnetic clicker」という単語が登場したとします。辞書を調べても文脈に合致しそうな訳語は載っていません。こういったときは「画像検索」が便利です。

Google 検索ならたとえば「magnetic clicker vr」と入力します。検索結果画面で「画像」タブをクリックすると、図 3-4 のような結果が表示されます。表示された画像を見ていくと、magnetic clicker は VR デバイスに取り付ける磁石スイッチだと分かります。

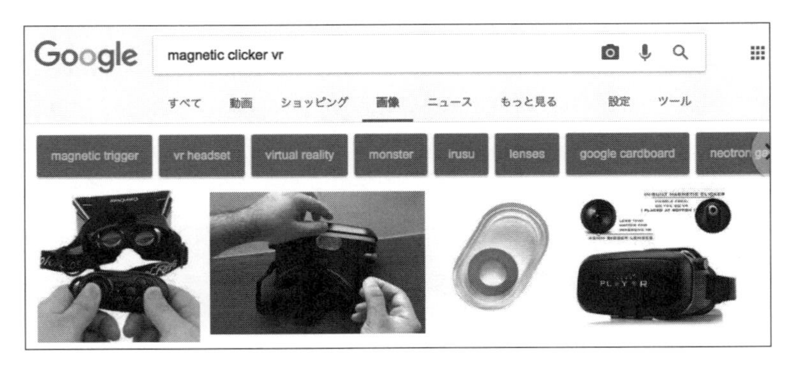

図 3-4：Google の画像検索で「magnetic clicker vr」を検索した結果

しかし、これはどう使うのでしょうか？　画像を見ただけではよく分かりません。そういったときに便利なのが「動画検索」です。たとえば「how to use magnetic clicker vr」と入力して検索します。すると、磁石スイッチを装着して使っている動画がYouTubeなどで視聴できます。安価なVRデバイスでは、スマホをデバイス内に入れてスクリーン代わりに使います。中に入れたスマホを外から操作するために磁石スイッチを使うのです。

このように、画像検索と動画検索をうまく使うと、言葉だけでは伝わりにくい情報も視覚的に把握できます。

3-5. 正規表現の使い方

正規表現は、検索パターンを表現する方法です。あるパターンに合致するテキストをまとめて検索できるため、指定のテキストがドキュメント内にあるか調査したり、それを一括して置換したりするときに便利です。多くのテキスト・エディターや翻訳支援ツールは正規表現を使った検索に対応しています。

正規表現では、通常文字と特殊文字（メタキャラクター）を使います[7]。通常文字は「abcde」、「01234」、「あいうえお」など見たままの文字で、検索すればそのままマッチします。

一方、特殊文字には「.」、「?」、「+」などがあります。これを使うことでさまざまな検索が可能になります。特殊文字は通常文字とは違い、そのまま検索してもマッチしません。特殊文字を通常文字扱いで検索したい場合、直前に半角の「\」（バックスラッシュ）を置きます[8]。たとえば「+」自体を検索したいときは「\+」とします。バックスラッシュは、コンピューターの環境によっては半角の円マーク（¥）として表示されることもあります。その場合は円マークに読み替えてください。

ここからはよく使う基本的な特殊文字について解説します。

7　特殊文字は処理系によって異なることもあります。使うテキスト・エディターなどのツールにあるヘルプを確認してください。

8　通常文字扱いすることを「エスケープする」とも呼びます。

A. 1つの文字を表す特殊文字

任意の1文字を表すのは「.」（ピリオド）です。たとえば「.ール」という正規表現でドキュメントを検索すると、「ツール」、「ルール」、「ボール」などにマッチします。もしピリオドそのものを検索したかったら「\.」とします。

1つの文字を表す変わった書き方もあります。たとえば「\d」とすると任意の数字1文字(0～9)にマッチします。たとえば「第\d番」で検索すると「第1番」や「第5番」にマッチするわけです。さらに「\s」はスペースなどの空白文字、「\n」は改行を示します。1つの文字を表す特殊文字で、基本的なものを表3-6にまとめます。

特殊文字	説明
.（ピリオド）	任意の1文字
\d	任意の数字1文字（0～9）。[0-9]と同じ
\n	改行
\s	任意の空白文字（スペース、タブ、改行など）
\t	タブ
\w	英数字とアンダースコアの1文字（0～9、A～Z、a～z、_）

表3-6：1つの文字を表す特殊文字

B. 文字の集まりを表す特殊文字

続いて、文字の集まりを表すものを紹介します。

まずは半角の角かっこ「[ ]」です。これで囲った複数の文字のうち、いずれか1文字にマッチします。たとえば「[赤青黄]色」で検索すると「赤色」、「青色」、「黄色」にマッチします。

角かっこ内側の先頭に「^」を付けると「その文字以外」という意味になりま

す[9]。たとえば「[^ 赤黄] 色」なら、「赤色」と「黄色」以外にマッチします。つまり「青色」や「黒色」にはマッチします。

角かっこ内でハイフンを使って範囲を示すと、その範囲にマッチします。もし「[2-5]」とした場合、2 ～ 5 の数字 1 文字にマッチします。「[A-Za-z@] 」のように範囲と文字を複数並べても検索可能です。この例では大文字と小文字のアルファベット、さらにアットマークにマッチします。

いずれかの正規表現にマッチさせたい場合は「|」(縦棒) を使います。「ルール | ツール」とすると「ルール」または「ツール」にマッチします。これは丸かっこでグループ化でき、「(赤い | 青い | 緑の) 車」であれば「赤い車」、「青い車」、「緑の車」にマッチします。

文字の集まりを表す特殊文字を表 3-7 にまとめます。

特殊文字	説明	例
[○○○]	角かっこ内のいずれか 1 文字にマッチ	[赤青黄] 色
[^ ○○○]	角かっこ内の文字以外の 1 文字にマッチ	[^ 赤黄] 色
[○ - ○]	角かっこ内のハイフン前後の「範囲」にマッチ	[2-5]、[A-Za-z@]
○○○ | ●●●	縦棒前後の正規表現いずれかにマッチ。丸かっこでグループ化可能	(赤い | 青い | 緑の) 車

表 3-7：文字の集まりを表す特殊文字

C. 繰り返しを表す特殊文字

たとえば何桁か連続する数字を検索したいとき、「繰り返し」を表す特殊文字を使うと便利です。

直前にある正規表現と 1 回以上マッチさせたいときは「+」(プラス記号) を使います。たとえば「あ」という通常文字のすぐ後ろに置いて「あ +」と書くと、「あ」

9 「^」を角かっこの外で使うと「文字列の先頭」という位置を示すので注意しましょう。ちなみに「$」は「文字列の末尾」という位置を示します。

や「あああああ」にマッチします。任意の一文字を表すピリオドにプラス記号を付けて「.+」とすると、「abc」や「あいうえお」などにマッチします。また範囲を示す「[0-9]」にプラス記号を付けて「[0-9]+」とすると、数字の繰り返しにマッチさせられます。たとえば「123」や「567890」です。

同様に「*」(アスタリスク)は0回以上マッチ、「?」は0回または1回マッチです。「0回」というのは不思議議に思われるかもしれません。これは直前の正規表現が「なくてもよい」というときに使います。たとえば「教室[A-Z]*です」は、「教室です」(アルファベットが入っていない)、「教室Aです」、「教室ABCです」にマッチします。「彼女?は」と書くと、「彼は」にも「彼女は」にもマッチします。

任意の回数の繰り返しも指定できます。「{n}」という書き方で、直前の正規表現の繰り返しn回とマッチします。たとえば「[A-Z]{3}」で「PDF」や「MVP」にマッチします。

さらに「{n,m}」と書くと、n回以上m回以下になります。「[0-9]{2,4}」とした場合、「2018」や「12」にマッチするわけです。mを省略して「{n,}」にすると、n回以上になります。

繰り返しを表す特殊文字を表3-8にまとめてみます。

特殊文字	説明	例
+	直前の正規表現と1回以上マッチ	あ+、[0-9]+
*	直前の正規表現と0回以上マッチ	教室[A-Z]*です
?	直前の正規表現と0回または1回マッチ	彼女?は
{n}	直前の正規表現の繰り返しn回とマッチ	[A-Z]{3}
{n,m}	直前の正規表現の繰り返しn回以上m回以下とマッチ	[0-9]{2,4}
{n,}	直前の正規表現の繰り返しn回以上とマッチ	\d{3,}

表3-8:繰り返しを表す特殊文字

最長一致と最短一致

繰り返しを表す特殊文字(+や*)を使っているときに悩ましいのは、最も長い部分にマッチしてしまう点です。

仮に「<b>こんにちは</b>」というテキストで、タグ部分だけ（<b>と</b>）をマッチさせたいとします。そこで「<.+>」で検索してみると「<b>こんにちは</b>」全体がマッチしてしまいます。最初の文字が「<」、最後の文字が「>」なので、希望とは違いますが、おかしくはありません。このように最も長い部分にマッチするのを「最長一致」と呼びます。

逆に、最も短い部分にマッチするのは「最短一致」と呼びます。最短一致させるには、繰り返しを表す特殊文字の直後に「?」を付けます[10]。上記の例だと「<.+?>」になります。これで検索すると、希望どおりに「<b>」と「</b>」にそれぞれマッチします。

D. 置換で便利なキャプチャー

マッチした部分を記憶し、あとで参照できる「キャプチャー」という機能があります。やや高度な機能になります。記憶させたい部分は丸かっこで囲み、「\1」という書き方で参照します[11]。

たとえば「(.)\1」と書くと、ある1文字が2回連続するとマッチします。最初のピリオドが任意の文字を示し、それを丸かっこでキャプチャーしています。「(.)」の部分です。その直後に「\1」でキャプチャーした文字を参照しています。そのためある1文字が2回連続するとマッチするわけです。仮に「私ははは翻訳者です」というテキストがあるとすると、「はは」にマッチします。

キャプチャーは置換処理をするときに便利です。たとえば「#8」というテキストを「第8番」に、「#123」を「第123番」のようにまとめて修正したいとします。単純な置換では対処できません。このケースでは「#(\d+)」としておくと、#記号のあとに任意の桁の数字が並ぶテキストにマッチし、さらに数字部分が丸かっこで囲まれているのでキャプチャーできます。キャプチャーした文字は「\1」という書き方でアクセスし、置換後の文字列に挿入できます。上記例のケー

10　この「?」は、表3-8にある「直前の正規表現と0回または1回マッチ」の「?」とは別の意味なので注意しましょう。「+?」はひとかたまりとして最短一致を示すと覚えておいたほうがよいでしょう。

11　複数を丸かっこで囲った場合は「\1」、「\2」、「\3」などとなります。また、処理系によって書き方が異なることがあるので、使用するツールのヘルプを確認してください。

スでは、検索対象を「#(\d+)」、置換後文字列を「第 \1 番」とします。置換処理を実行すると「#8」は「第 8 番」、「#123」は「第 123 番」に置換されます。

なお、上記のうち置換を除いた機能は「JTF 日本語スタイルチェッカー」[12]（4-2 の「B. 校正ツール」で紹介）で試せます。ウェブ上で無料で利用できるので、正規表現を試したり練習したりしたい方はアクセスしてみてください。

本章のまとめ

本章では調査に関するスキルを紹介しました。重要なポイントをまとめます。

- 言葉を扱う翻訳者にとって最も重要なツールは「辞書」です。翻訳者が主に使う辞書には以下の種類があります。
  - 英和辞典、和英辞典
  - 英英辞典
  - 国語辞典、類語辞典
  - IT 専門用語辞典
- 「コーパス」とは言語資料のことで、言葉が「実際にどう使われているか」を調べられます。既存のコーパスを使うことも、自作することもできます。
- 翻訳中に調べる参考資料には「用語集」、「スタイルガイド」、「既存訳」があります。
- 検索エンジンを使って言語表現を調べられます。検索エンジンを使いこなすために覚えておきたいのは演算子です。
- 「正規表現」を使うと、指定のテキストがドキュメント内にあるか調査したり、それを一括して置換したりできます。

12 JTF 日本語スタイルチェッカーの URL：http://www.jtf.jp/jp/style_guide/jtfstylechecker.html

第４章

テクノロジーに関する知識

本章では、アプリ翻訳に関係するテクノロジーについて解説します。翻訳支援ツール、QA／校正ツール、TMS、ファイル形式、文字コードなどを取り上げます。

4-1. 翻訳支援ツールの知識

翻訳支援ツールは、翻訳者の翻訳作業を支援し、効率化や品質向上を図るための道具です。翻訳支援ツールは数多く存在し、無償の製品としては「Google Translator Toolkit」やオープンソースの「OmegaT」、有償の製品としては「Trados Studio」、「MemoQ」、「Memsource」、「XTM」などがあります。

ここでは無償で使えるGoogle Translator Toolkit[1]を例にして基本的な機能を確認していきます。同ツールはウェブ・アプリで、Googleアカウントがあれば誰でも利用できます。図4-1が英日翻訳をしている途中の画面です。

1　Google Translator ToolkitのURL：https://translate.google.com/toolkit/

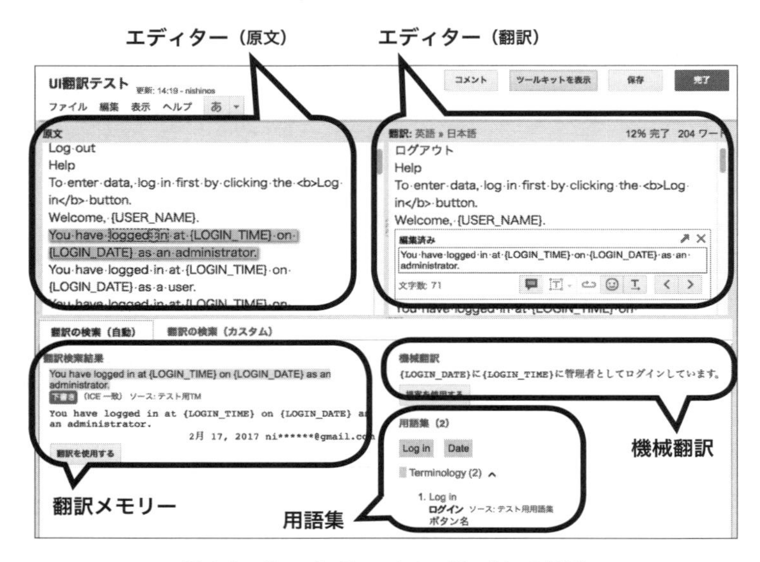

図 4-1：Google Translator Toolkit の画面

上半分は「エディター」です。左側に「原文」、右側に「翻訳」というペインがあります。翻訳者は原文を見ながら、訳文を入力していきます。対訳の形になっている点が特徴的です。

下半分にはさまざまな機能がまとまっています。左側には「翻訳メモリー」の検索結果が表示されています。右側の上段は「機械翻訳」の結果、下段は「用語集」の検索結果です。この３つはさまざまな翻訳支援ツールに共通する典型的な機能です。

これらエディターと各機能について詳しく解説します。

A. エディター

翻訳者はエディター上で訳文を作成していきます。エディターにはローカルにダウンロードして使うタイプも、ウェブ上で使うタイプもあります。

前述のように、原文と訳文が対訳の形になっている点が特徴です。通常は１つの「セグメント」単位で翻訳を進めます。セグメントは基本的に１文ですが、単語や複数の文が1セグメントになることもあります。あるセグメントの翻訳が終わると、次のセグメントに移動して翻訳作業を続けます。普通は、移動時に翻訳済みセグメントが対訳セットとして翻訳メモリーに登録されます。

エディターには翻訳者にとって便利な機能が搭載されています。Google Translator Toolkit のエディターには以下のような機能があります。

- 特殊な文字（® など）を簡単に入力できる
- 原文の HTML タグなどを訳文にコピーできる。手入力のミスがなくなる
- コメントを挿入できる。関係者に申し送りできる

アプリのローカリゼーションでは、翻訳対象ファイルで独特な形式（PO、PROPERTIES など）が用いられることがあります。そういったファイル形式に対応した専用エディターもあります。たとえば「Poedit」や「POEditor」です。

B. 翻訳メモリー

翻訳メモリー（Translation Memory：TM）は、過去の翻訳作業で蓄積した対訳のデータベースです。基本的には1セグメント単位で蓄積します。将来の翻訳作業時に対訳を取り出し、再利用します。あとで活用できるので「言語資産」とも呼ばれます。後述の機械翻訳とは違い、コンピューターに自動的に翻訳させるわけではありません。あくまで人間が翻訳した対訳を蓄積したものです。

翻訳メモリーで訳文を再利用しながら翻訳する流れは図 4-2 のようになります。

ステップ1で、たとえば「I have a pen.」という英語原文があったとすると、それを「私はペンを持っています。」と和訳し、対訳で翻訳メモリーに登録しています。同時に次のセグメントに移動します。続くステップ2では「I have a car.」という原文が登場します。先ほど訳した原文とは car という1語が違うだけです。ステップ3では、原文が近い訳文が翻訳メモリーから候補として提示されます。最後にステップ4で、翻訳者が違う部分だけを翻訳します。翻訳した対訳セットはさらに翻訳メモリーに蓄積されていきます。

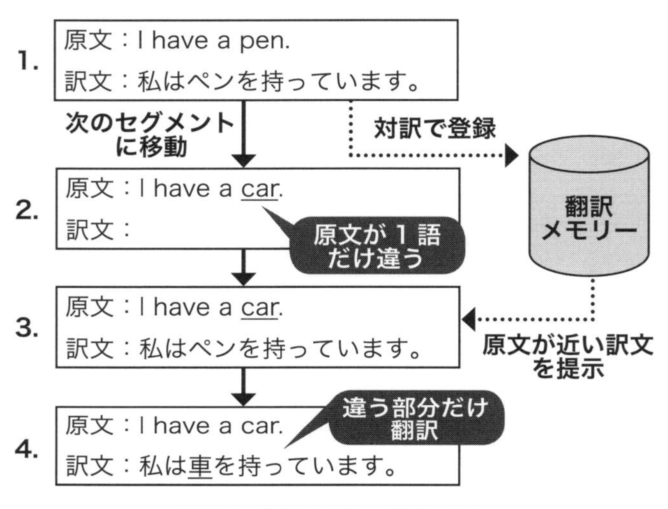

図 4-2：翻訳メモリー利用の流れ

このように、翻訳メモリーを使うと訳文の再利用ができます。再利用には利点がいくつもあります。

入力速度が向上する

訳文候補がエディターに提示されるため、翻訳者は違う部分だけ翻訳すればよいことになります。そのため訳文入力の速度が上がります。

訳文表現の統一性が向上する

大規模なローカリゼーションのプロジェクトでは、多人数で分担翻訳することがあります。そのときに同じ翻訳メモリーを参照すると、多人数でも訳文表現の統一性が高まります。また 1 人で翻訳するときも、自身が過去に作成した訳文を参照できるため、同様に統一性が高まります。

翻訳コストが低減する

翻訳依頼者の視点からすると、効率化できる分、翻訳料金を安くできます。マッチ率による割引は「2-5. 料金計算方法」で解説しています。

他方で、翻訳メモリーの使用時には注意すべき点もあります。

既存訳に引きずられる

翻訳メモリーから候補の訳文を提示されると、どうしても頭に残り、それをベースに訳文を作成してしまいがちです。ゼロから訳出すればもっと優れた訳文になる可能性があるのに、提示された既存訳に引きずられて不本意な訳文を作ってしまうという事態です。

もっとも、既存訳を再利用した効率化が翻訳メモリーの目的なので、目的に適ってはいます。メリットの裏にあるデメリットです。

視野が 1 文に限定され文章が見えなくなる

翻訳メモリーを使うと、基本的に 1 文単位で翻訳をします。1 文単位で区切ると再利用がしやすいためです[2]。しかし視野が 1 文に限定されてしまうと、文章全体が見えなくなります。その結果、1 文として見れば良い訳文なのに、文章全体として読むとおかしな翻訳になってしまう恐れがあります。

1 文単位で扱うと翻訳メモリーとしては再利用性が高まるため、これもメリットの裏にあるデメリットと言えます。

翻訳メモリーは維持管理が必要

翻訳メモリーはただ蓄積すればよいわけではなく、維持管理が必要です。たとえば「Preference」は「基本設定」と用語集で指定されているのに、ある翻訳者が「個人設定」と訳して翻訳メモリーに登録したとします。これを別の翻訳者が再利用して翻訳メモリーに登録すると、誤りはどんどん広がります。適切に維持管理しないと「汚染」は拡大し、言語資産としての価値は下がってしまいます。

2　ただし通常、翻訳メモリーは 1 つの原文に対して複数の訳文、複数の原文に対して 1 つの訳文を対応させて保存できるようになっています。

100% マッチで誤訳が発生する

「2-5. 料金計算方法」の「マッチ率による割引」でも述べたように、100% マッチは「翻訳しなくてよい」と指定する翻訳依頼者もいます。しかし文脈が違えば翻訳も変わります。たとえば宇宙をテーマにするアプリで「Sun」を「太陽」と和訳して翻訳メモリーに登録したとします。その後、カレンダーのアプリで「Sun」という英語原文が出てきたときに、翻訳メモリーが 100% マッチとして提示する「太陽」を使うと、恐らく誤りでしょう。カレンダーなら「日曜」の可能性が高いはずです。特に 1 〜数語の短いテキストで、100% マッチを使う際は注意が必要です。

C. 機械翻訳

機械翻訳（Machine Translation：MT）は、コンピューターに訳文を作らせるツールです。Google 翻訳や Bing 翻訳など、ウェブ上の無料サービスを使ったことのある人も多いでしょう。

翻訳者が機械翻訳を利用する方法は主に 2 とおりあります。まず、翻訳支援ツール上に「訳文候補」として機械翻訳出力を提示する方法です。図 4-1 の Google Translator Toolkit を見ると、右下ペインに機械翻訳の結果[3]が訳文候補として提示されています。つまり、翻訳者は翻訳メモリーと機械翻訳が提示する訳文候補を参考にして翻訳作業を進めることになります。こういった訳文候補は、Google やマイクロソフトなどさまざまな企業が提供する機械翻訳システムから API（アプリケーション・プログラミング・インターフェイス）経由で取得し、翻訳支援ツール上に表示します。

もう 1 つは「MT+PE」（機械翻訳 + ポストエディット）と呼ばれる方法です。ポストエディットとは後編集の意味です。MT+PE では原文全体をいったん機械翻訳で訳し、それを人間の翻訳者（ポストエディター）が編集します。代表的なのは、翻訳会社が翻訳対象ファイル全体に機械翻訳をかけてフリーランス翻訳者に渡し、ポストエディットしてもらうケースです。

この 2 つを表 4-1 にまとめます。

3　バックグラウンドでは Google 翻訳が使われていると思われます。

方法	説明
訳文候補提示	翻訳支援ツール上に機械翻訳出力を訳文候補として提示。なお ISO 17100 の定義では、訳文候補提示は MT+PE に入らない
MT+PE	原文全体をいったん機械翻訳で訳し、それを人間が編集

表 4-1：機械翻訳の利用方法

機械翻訳との向き合い方

2016 年に Google が公開した「ニューラル機械翻訳」(NMT) は、それまでの機械翻訳よりも精度が大幅に向上していました。それ以降、NMT が急速に広まっています。ただし、精度が向上したといっても、翻訳者の出番がなくなるわけではありません。現在の機械翻訳にはできないことがあります。

たとえば、機械翻訳はテキスト外部の文脈を見られません。「Japanese」という英語は、テキストだけ見れば「日本語」とも「日本人」とも訳せます。どちらにするか判断を下すためには、そのテキストがアプリのどこに表示されるのかを確かめなければなりません。もしアプリを操作し、言語選択のプルダウンメニュー内に表示されると確認できれば「日本語」でしょう。このようにテキスト外部の文脈まで見て判断を下せるのは、今のところ人間だけです。

さらに、NMT は精度が向上して読みやすくなったものの、逆に「抜け」が増えたとされています[4]。つまり NMT の出力を使うときは、原文と訳文を慎重に見比べ、原文がきちんと訳文に反映されているかを確かめる必要があるということです。

機械翻訳の進歩は目覚ましいものがあります。ただし現状の方式では人間を完全に代替することはできないでしょう。翻訳者は機械翻訳を恐れるというより、ツールとしてうまく活用するという方向を目指すべきだと考えます。たとえば「訳文候補提示」ツールとして使えば、翻訳者はキーボードでゼロから訳文を入力するより楽になるかもしれませんし、辞書で調べる手間が省けるかもしれません。

4 英語とクロアチア語との間の翻訳で、従来システムと NMT との精度を比較した論文によると、全体的に性能は上がっているものの「抜け」(Omission) だけは増えていた。Klubička ほか (2017) を参照。

D. 用語ベース

用語ベースとは、特定の分野、組織、製品などで用いられる訳語をデータベース化したものです。用語集（「3-3. 参考資料」を参照）を翻訳支援ツールで扱いやすい形にしたものであるとも言えます。

多くの翻訳支援ツールには、この用語ベースを自動的に検索し、提示する機能が備わっています。図 4-1 の Google Translator Toolkit を見ると、右下ペインに用語ベースからの候補が表示されています。これにより、翻訳者は指定された訳語を効率的に適用できます。

用語ベースのファイル形式としては、後述の TBX（TermBase eXchange）という専用のファイル形式が存在します。ただし、CSV や TSV など汎用のファイル形式をサポートしている翻訳支援ツールもあります。Google Translator Toolkit では CSV 形式を使っています。

4-2. QA ツール／校正ツール

QA ツールと校正ツールは、いずれも翻訳作業後に用いられます。翻訳会社や翻訳者が納品前の最終的なチェックに使うケースが多いでしょう。

A. QA ツール

QA ツールとは、品質保証（Quality Assurance）を実施するためのツールです。ただ、あらゆる品質保証をするというより、機械的にチェックできる部分だけをチェックします。たとえば､原文にある数字や HTML タグが訳文に入っていない、指定用語が訳文で使われていない、原文に対して訳文が長すぎる（または短すぎる）といったチェックです。

オープンソースで無償で使える製品としては Okapi Framework の「CheckMate」、有料の製品としては「QA Distiller」、「Xbench」などがあります。また独立した製品ではなく、翻訳支援ツール上に QA 機能が組み込まれていることもあります。

B. 校正ツール

校正ツールを使うと、訳文に誤字、スペルミス、文法誤り、スタイル違反、問題表現などがないか確認できます。

多くの人に馴染みがあるのは、マイクロソフトのWordに搭載されている「文章校正」機能でしょう。英語のスペルチェックだけではなく、日本語の文章校正もできます。日本語校正専用の有料アプリとしては「Just Right!」といった製品があります。

スタイルガイドのスタイルに違反していないか確認できるツールもあります。日本翻訳連盟（JTF）がウェブサイト上で無料で公開している「JTF日本語スタイルチェッカー[5]」を使うと、JTF日本語標準スタイルガイドに違反していないかチェックできます。図4-3は同ツールの画面です。

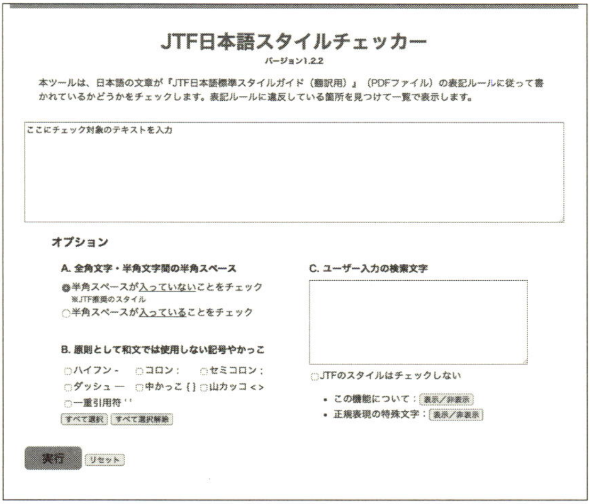

図4-3：JTF日本語スタイルチェッカーの画面

5　JTF日本語スタイルチェッカーのURL：http://www.jtf.jp/jp/style_guide/jtfstylechecker.html

4-3. TMS

TMS（Translation Management System）は翻訳プロセス全体で使われるシステムです。GMS（Globalization Management System）と呼ばれることもあります。スケジュールやファイルを管理してプロジェクトを円滑に進める機能が備わっており、基本的にはウェブ上のアプリとして動作します。

手作業が多い翻訳プロジェクトでは、さまざまな問題が発生します。翻訳依頼者は翻訳対象ファイルや参考資料ファイルを電子メールに添付し、翻訳会社や翻訳者に送信します。翻訳者はローカルのコンピューターで翻訳し、終わったら訳文ファイルを電子メールに添付して納品します。電子メール・ベースでは添付ファイルの送受信やバージョン管理が大変になります。またExcelなどの表計算ソフトを使ってファイルを管理していると、入力ミスが発生したり、ステータスをリアルタイムで把握できなかったりします。

TMSを使うと、手作業で発生しがちな面倒な問題も解消できます。代表的な機能を見てみましょう。

作業割り当て管理

翻訳者や校正担当者などに作業を割り当てて管理できます。差し戻しなども可能です。

ステータス管理

ファイルやプロジェクトの状態（未翻訳、翻訳中、翻訳済みなど）を確認できます。ステータスが変化すると担当者に自動通知されます。

ファイル管理

翻訳対象ファイル、翻訳メモリー、参考資料などをサーバー上で一元的に管理できます。

品質管理

翻訳済みファイルに品質評価をしたり翻訳者にフィードバックしたりできます。

コスト管理

翻訳依頼者に見積もりを送ったり、ワード単価からコストを計算したりできます。

TMS のなかには翻訳支援ツールと一体化しているものもあります。こういった TMS の場合、翻訳者はウェブ上の TMS にアクセスして翻訳作業をすることになります。

TMS はさまざまな企業や団体が開発しています。翻訳ビジネス向けの商用製品としては「WorldServer」、「Memsource」、「XTM」などがあります。無償で使える製品としては「GlobalSight」や「translate5」があります。

また翻訳ビジネスというより、オープンソース開発プロジェクトでよく用いられているシステムもあります。「Pootle」、「Weblate」、「Zanata」などです。

4-4. ファイル形式の知識

アプリのローカリゼーションで用いられるファイルにはいくつかの形式があります。翻訳対象テキストが格納されるファイル形式と、翻訳支援ツールで用いられるファイル形式に分けて説明します。

A. 翻訳対象のファイル形式

翻訳対象テキストが格納されているファイルには、HTML のようにウェブで一般的に用いられている形式から、XLIFF のように専ら翻訳で用いられる形式まであります。

ここでは代表的な形式をいくつか紹介するとともに、翻訳テキストが関係する一部分をサンプルとして提示します。

a. HTML

HTML（HyperText Markup Language）はウェブサイトやウェブ・アプリで用いられるマークアップ言語で、この言語で書かれたファイルには「.html」や「.htm」という拡張子が用いられます。

基本的には「タグ」（例：<p>、</p>）に囲まれたテキストを翻訳することになります。たとえば en.html という英語原文の HTML ファイルに以下のような 1 行があったとします。

```
<p>Click the <b>Edit</b> button.</p>
```

これを和訳して ja.html ファイルにする場合、以下のように翻訳します。<b> タグは原文に合わせて配置しています。

```
<p>「<b> 編集 </b>」ボタンをクリックします。</p>
```

ただし、ほとんどの翻訳支援ツールではタグを保護して非表示にするなど、翻訳者があまりタグを意識しなくても翻訳作業を進められる機能を搭載しています。これは HTML だけでなく、次の XML タグなどでも同様です。

b. XML

XML（eXtensible Markup Language）は拡張可能なマークアップ言語で、この言語で書かれたファイルには「.xml」という拡張子が用いられます。Android OS のアプリなどでこのファイル形式が利用されています。

HTML と同様、タグに囲まれたテキストを翻訳することになります。たとえば Android アプリの英日翻訳プロジェクトで、strings.xml というファイルが登場したとします。原文ファイルは以下のように表示されます。

```
<resources>
  <string name="hello">Hello.</string>
```

```
</resources>
```

これを和訳した訳文ファイルは以下のようになります。

```
<resources>
  <string name="hello">こんにちは。</string>
</resources>
```


c. XLIFF

XLIFF（XML Localization Interchange File Format）は、XMLをベースにしたファイル形式で、ローカリゼーションでの使用を想定しています。バージョン2.0はISO 21720として国際標準にもなっています。AppleのiOSアプリなどで採用されており、近年普及が進んでいます。

通常は「.xlf」や「.xlff」という拡張子が使われます。しかしSDL社のTrados Studioでは「.sdlxliff」という独自の拡張子を使っています。

XMLと同様にタグに囲まれたテキストを翻訳しますが、ファイル内で原文と訳文がセットになっている点が特徴です。XLIFFバージョン2.0では以下のような形をしています。

```
&lt;segment&gt;
  <source>Hello.</source>
  <target>こんにちは。</target>
&lt;/segment&gt;
```

d. JSON

JSON（JavaScript Object Notation）はJavaScriptのオブジェクト表記方法で、これを用いたファイルには「.json」という拡張子が使われます。JavaScriptとありますが、さまざまなプログラミング言語で用いられています。たとえばChromeブラウザー上で動作するアプリでJSONファイルが採用されています。
キーと値がセットになった形式をしており、たとえばen.jsonが以下のように書かれているとします。

```
"message_message" : "Hello."
```

ここで「"message_message"」がキー、「"Hello."」が値です。これを和訳してja.jsonというファイルを作成する場合は値のみを訳します。つまり以下のようになります。

```
"message_message" : " こんにちは。"
```

もし手作業で翻訳することがある場合、ダブル・クォーテーションを削除しないように注意しましょう。

e. PO

PO（Portable Object）は、gettextというインターナショナリゼーションの仕組みで用いられるファイル形式です。「.po」という拡張子が使われます。C、PHP、Pythonなどさまざまなプログラミング言語でサポートされています。
POファイルは「msgid」と「msgstr」という項目のセットで構成されています。翻訳者にファイルが支給されるときは、msgstrは空の状態です。英日翻訳なら以下のような形です。

```
msgid "Hello."
msgstr ""
```

翻訳者は下段にあるmsgstrに訳文を追加します。

```
msgid "Hello."
```

```
msgstr " こんにちは。 "
```

JSON の場合と同様、ダブル・クォーテーションを削除しないように注意が必要です。

f. PROPERTIES

Java プログラミング言語を使ったアプリのローカリゼーションで用いられ、「.properties」というファイル拡張子が使われます。

PROPERTIES も JSON と同様に、キーと値がセットになった形をしています。典型的には等号（=）で区切ります。たとえば以下のような英語原文が入っている Messages.properties があるとします。

```
greeting = Hello.
```

「greeting」がキー、「Hello.」が値です。この値部分を翻訳することになります。和訳して Messages_ja_JP.properties という名前のファイルに格納したとすると、以下のようになります。

```
greeting = こんにちは。
```

手作業で翻訳するときは、等号を削除しないように注意してください。

g. その他

上記以外にもアプリのローカリゼーションで用いられるファイル形式がいくつかあります。簡単に紹介します。

RESX（.resx）

XML 形式のファイルで、Windows アプリで用いられます。

YAML（.yml）

ウェブ・アプリ用フレームワーク Ruby on Rails などで用いられます。

STRINGS（.strings）

iOS で用いられます。キーと値の組み合わせという形式です。

B. 翻訳支援ツールのファイル形式

翻訳メモリーや用語ベースという翻訳支援ツールで用いられるファイル形式があります。

a. TMX

TMX（Translation Memory eXchange）は、翻訳メモリーの互換を目的とした標準です。標準化されているため、さまざまな翻訳支援ツールで読み込んで使えます。ファイルには XML が用いられ、通常は .tmx という拡張子が付きます。

TMX バージョン 1.4b の場合、1 つの翻訳単位（translation unit : tu）部分を抜粋すると、以下のような形をしています。英語と日本語が対訳でセットになっていることが分かります。

```
<tu>
  <tuv xml:lang="en">
    <seg>Hello.</seg>
  </tuv>
  <tuv xml:lang="ja">
    <seg> こんにちは。</seg>
  </tuv>
</tu>
```

これは最も シンプルな構造で、さらに作成日時のような情報が追加されることがあります。

b. TBX

TBX（Term Base eXchange）は、用語ベースの互換を目的とした標準です。ISO 30042という国際標準にもなっています。TMXと同様にXMLが用いられ、一般的には.tbxという拡張子が付きます。

4-5. 文字コードの知識

翻訳者はコンピューター上でテキストを扱うため、「文字コード」について知っておくことが望ましいと言えます。

文字コードとは

コンピューターで文字を扱うには、まずどの範囲の文字を扱うかを決める必要があります。たとえば英語のアルファベットのみ、あるいは日本語で日常的に使われている文字（漢字、ひらがな、およびカタカナ）といった範囲です。これに含まれる文字を「文字集合」と呼びます。

コンピューターでは「A」などの文字そのものを扱っているわけではありません。コンピューターが処理できるビット組み合わせ（例：「100 0001」）を扱います。こういった、文字集合の各文字に対応するビット組み合わせを一意に定めたものが「文字コード」です（矢野、2010）。たとえば「A」という文字に「100 0001」を対応させるということです。なお文字コードは「符号化文字集合」とも呼ばれます。

ただし文字コードという言葉は使われ方が曖昧なケースがあります。文脈によっては、符号化文字集合を具体的にどう扱うかという「文字符号化方式」（Shift_JISやUTF-8など、いわゆる「エンコーディング」）を指すこともあります。またその両者を合わせて指すこともあります。

文字コードの簡単な歴史

コンピューター発展の中心であったアメリカで1960年代に作られたのがASCIIという文字コードです。先ほど挙げた例（文字「A」とビット組み合わせ「100

0001」との対応）もASCIIのものです。ASCIIは7ビットなので最大128種類（2の7乗）の文字しか表現できません。アメリカ英語では何とか足りるかもしれませんが、日本語などの言語で使われている文字を表すのには十分ではありません。

そこで、そういった文字も表現できるような1バイト（8ビット）あるいは2バイトの文字コードが作られました。日本語では「JIS X 0208」などです。その後、世界中で使われるあらゆる文字を1つの文字コードにまとめようという動きが出てきました。1990年代初めにでき、現在も更新され続けている「Unicode」という文字コードです。

日本語に関係する文字コードを表4-2にまとめます。

文字コード（符号化文字集合）	説明
ASCII	アルファベット（大文字と小文字)、数字、記号
JIS X 0201	1969年に制定。半角カタカナなど。ASCIIの文字も含むが、バックスラッシュ（\）は円記号（¥)、チルダ（~）がオーバーライン（‾）に変わっている
JIS X 0208	1978年に制定され、日本語の情報処理で重要な地位を占めている。ひらがな、カタカナ、漢字など、7,000字近くがある。漢字には第1水準漢字と第2水準漢字が含まれている。文字符号化方式（エンコーディング）の代表例として「ISO-2022-JP」、「Shift_JIS」、「EUC-JP」がある
JIS X 0213	2000年に制定。JIS X 0208を拡張し、1万字以上を収録している。第3水準漢字と第4水準漢字が追加されている。文字符号化方式はJIS X 0208のものを引き継いでいる
Unicode	1990年代初めに登場し、絵文字も含めて世界中のさまざまな文字が収録されている。ISO/IEC 10646という国際規格（日本ではJIS X 0221)。文字符号化方式（エンコーディング）に「UTF-8」や「UTF-16」などがある

表4-2：日本語に関係する文字コード

Unicodeとは

Unicodeに収録されている文字は、ひらがな、カタカナ、漢字に加え、英語などで使われるラテン文字、ギリシャ文字、キリル文字、アルメニア文字、ヘブライ文字、アラビア文字、シリア文字、ターナ文字、ンコ文字、サマリア文字、マンダ文字など、数多くあります。2010年のバージョン6からは絵文字も収録されています。文字はUnicodeのウェブサイト[6]で閲覧できます。

Unicodeの文字符号化方式としてよく使われるものに「UTF-16」と「UTF-8」があります。UTF-16は16ビット（または16ビット2つの組み合わせ）で1文字を表す方式で、OS（例：Windows）やプログラミング言語（例：Java）の内部処理に使われています。一方、UTF-8は1～4バイトで1文字を表す方式で、ウェブ・ページなどに用いられています。

Unicodeは普及が進んでいます。たとえばGoogleによると[7]、2012年時点でウェブ・ページの60%以上がUnicode（UTF-8）であるとされます。UTF-8と互換性のあるASCIIも含めると約80%がUnicodeで表示できるという状況です。

文字コードに関係する問題

翻訳しようとしてファイルを開くと「文字化け」に遭遇することもあります。原因の1つとしては、ファイル作成時と表示時のエンコーディングが異なる点が挙げられます。たとえば「UTF-8」で作成されたファイルを「Shift_JIS」で開こうとするケースです。

対処方法としては、まず作成時に使われたエンコーディングを指定して開く方法が挙げられます。あるいは、作成者に別のエンコーディングでファイルを保存し直してもらうという方法も考えられます。

また、バックスラッシュ記号（\）を入力したのに、環境によって円記号（¥）で表示される（またはその逆）という問題もあります。これは表4-2にあるように、

6　Unicodeの文字一覧：http://www.unicode.org/charts/

7　Googleのブログ記事：https://googleblog.blogspot.jp/2012/02/unicode-over-60-percent-of-web.html

ASCIIではバックスラッシュだったのに、JIS X 0201で円記号が対応付けられたという経緯から発生しています。その後、UTF-8ではASCIIと同じくバックスラッシュになっていますが、環境によっては円記号のフォント（MSゴシックなど）が当てられ、円記号として見えてしまうことがあります。

このように円記号問題は未解決という状況です。少なくとも、バックスラッシュと円記号は環境によって見え方が違う可能性がある点だけは覚えておきましょう。

4-6. その他の知識

アプリ翻訳者は、自分でプログラムを書かないとしても、プログラミングの基礎知識があることが望ましいと言えます。なかでも翻訳者に関係するのは、テキスト表示が関わる以下のような点です。

- プレースホルダー
- タグ
- 条件選択

これらの扱い方は翻訳テクニックと切り離せないため、「6-3. 特殊なテキスト」でサンプルを挙げながら詳しく説明します。

本章のまとめ

本章ではテクノロジーに関する知識を紹介しました。重要なポイントをまとめます。

- 翻訳支援ツールは、翻訳者の翻訳作業を支援し、効率化や品質向上を図るための道具です。エディター、翻訳メモリー、機械翻訳、用語ベースが含まれます。
  - 翻訳メモリーは、過去の翻訳作業で蓄積した対訳のデータベースで、将来の翻訳作業時に再利用します。
  - 機械翻訳は、コンピューターに訳文を作らせるツールで、訳文候補提示やMT+PE で利用されています。
  - 用語ベースは、特定の分野や製品などで用いられる訳語をデータベース化したものです。
- QA ツールと校正ツールは翻訳作業後に使うツールです。
  - QA ツールでは、原文の数字が訳文に入っていないなど、機械的なチェックをします。
  - 校正ツールでは、スペルミス、スタイル違反、問題表現などをチェックします。
- TMS は翻訳プロセス全体で使われるシステムで、ファイルなどを管理してプロジェクトを円滑に進める機能が備わっています。
- アプリのローカリゼーションでよく使われるファイル形式があります。
  - 翻訳対象テキストが格納されるファイル形式には、HTML、XLIFF、PO、PROPERTIES などがあります。
  - 翻訳支援ツールで使われるファイル形式には、TMX や TBX があります。
- 文字コードでは、文字集合の各文字に対応するビット組み合わせを一意に定めています。
  - 文字コードには、JIS X 0208 や Unicode などがあります。
  - それを具体的に扱う文字符号化方式には、Shift_JIS や UTF-8 などがあります。
  - 文字化けや円記号問題は、文字コードに関係しています。

第５章

翻訳の基本テクニック

翻訳時によく用いられる基本的なテクニックがあります。そういったテクニックを身につけることで、こなれた訳文を作れたり、作業効率を上げたりできます。

本章では英日翻訳でのケースを中心として、重要な基本テクニックをいくつか紹介します。対応関係調整、訳し下げ、品詞転換、無生物主語です。

5-1. 対応関係調整

英語と日本語では文の構成方法や単語の意味範囲が異なります。そのため、文と文、語と語を必ずしも一対一で翻訳できるわけではありません。原文と訳文の対応関係をうまく調整することで、訳文が自然になることがあります。

本セクションでは、分割、統合、省略、詳細化というテクニックを紹介します。

A. 分割

1つの文や語を2つ以上に分けて翻訳する方法です。図5-1のイメージです。

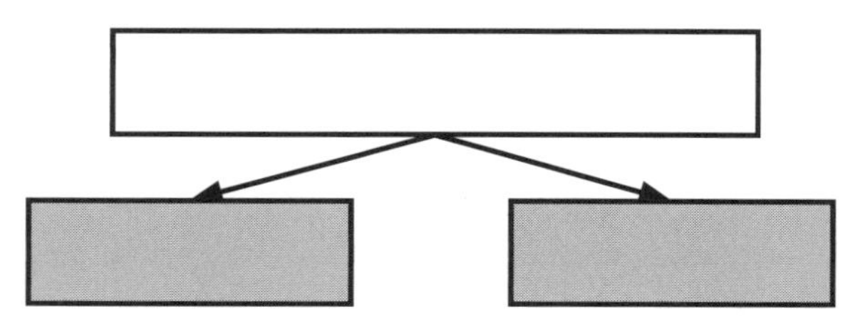

図5-1：分割

まず、サンプルの英語原文を見てください。

【原文】Welcome to the Outlook 2007 Startup Wizard, which will guide you through the process of configuring Outlook 2007.（出典：Microsoft Outlook 2007）

which 以下の修飾部分を前に出し、次のように 1 文のまま訳してみます。

【訳例 1】Outlook 2007 の設定手順を案内する、Outlook 2007 スタートアップ・ウィザードへようこそ。

訳文として間違いではありません。しかし原文には「Outlook 2007 スタートアップ・ウィザード」という名前をまず出したいという意図があるはずです。このウィザードを紹介する文だからです。「, which」とカンマがある which は英文法で非制限用法（5-2 の「A. 関係詞」も参照）と呼ばれ、先行する言葉に説明を加えるという機能があります。

そこで、which の前で文を分割し、2 文にして訳してみましょう。

【訳例 2】Outlook 2007 スタートアップ・ウィザードへようこそ。Outlook 2007 の設定手順を案内します。

こちらのほうが日本語としても読みやすいですし、ウィザード名がまず出ているので原文の意図も酌んでいると言えます。

1 つの英語原文を、2 文以上に分割して和訳する場面は頻繁に登場します。基本的なテクニックとしてぜひ身につけておきましょう。

ただし、翻訳メモリー（TM）を使う翻訳案件の場合、分割が望ましくないとされることもあります。翻訳メモリーは基本的に 1 文どうしの対訳セットを言語資産として蓄積し、再利用します。原文と訳文が一対一で対応していないと、再利用しづらくなるからです。翻訳メモリーを使う案件では、読みやすさと再利用性のどちらを優先するか考えた上で、分割するかどうかを検討してください。

分割の考え方は文だけではなく、語にも応用できます。次の英語原文があったとします。動詞1語のボタンを想定しています。訳例1のように、原文をカタカナ語に直して訳す選択肢があります。

【原文】Unlock

【訳例1】アンロックする

ただしユーザーは「アンロック」という言葉にあまり馴染みがないかもしれません。そこで1語のまま訳すのではなく、概念を噛み砕いて言い換えてみます。unlockとは「ロックされた状態」(lock)を「解除する」(un-)ことです。そこで次のように訳してみます。

【訳例2】ロックを解除

「アンロック」よりもユーザーにとって分かりやすいでしょう。

B. 統合

2つ以上の文や語を合わせて翻訳する方法です。図5-2のイメージです。

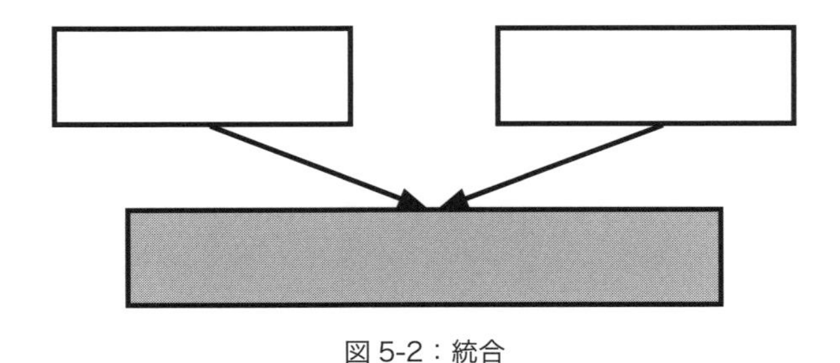

図5-2：統合

次の英語を例にしてみましょう。

【原文】The data files have been deleted. For this reason, the setup cannot continue.

英語は２文で書かれています。これを２文のまま日本語に訳すことも可能です。

【訳例 1】データ・ファイルが削除されています。このため、セットアップを続行できません。

もちろんこれでも問題ありませんが、1 文に統合してみましょう。

【訳例 2】データ・ファイルが削除されているため、セットアップを続行できません。

統合したあとは、少しですが短くなっています。アプリの UI 上に表示されるメッセージの場合、短いほうが望ましいケースがあります。特にスマホ・アプリでは表示スペースが限られているため、長いと表示しきれないことがあるのです。このように、統合することでメリットが生じるのであれば、このテクニックを活用してみます。

翻訳メモリーを使った翻訳案件の場合、分割と同様に統合でも再利用性が問題になることがあります。もし読みやすさよりも再利用性が重視されるようであれば、統合は慎重に実施しましょう。

分割の場合と同様、語に対しても統合の考え方を応用できます。次のような原文のボタンがあったとします。語を一対一で対応させながら和訳すると、訳例 1 のようになります。

【原文】Install again

【訳例 1】再びインストールする

原文の２語を統合して訳してみましょう。

【訳例 2】再インストールする

たった 1 文字ですが短くなっています。前述のように、UI 上ではテキストは短いほうが望ましいこともあります。

C. 省略

原文中にある余分な情報を省いて読みやすくする方法です。図 5-3 のようなイメージになります。

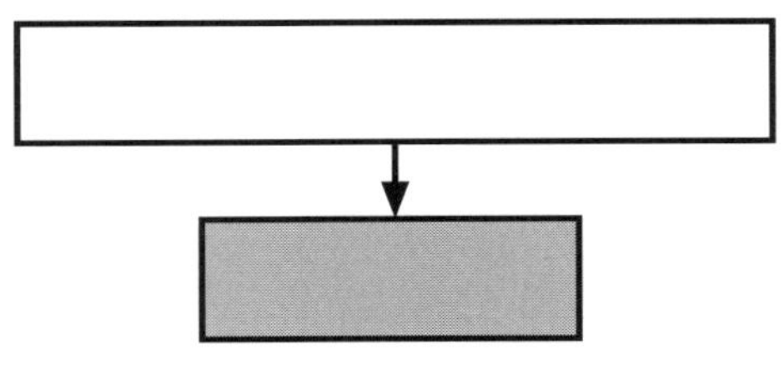

図 5-3：省略

英語の原文サンプルを見てみましょう。ニュース記事の一部です。

【原文】Senators have also urged Google to support the act, although the tech giant has yet to comment.（出典：Fortune[1]）

これを原文のとおりに訳すと以下のようになります。

【訳例 1】上院議員は Google にも同法を支持するよう促したものの、その巨大テクノロジー企業はまだコメントを出していない。

注目したいのは「the tech giant」です。英語では同じ名詞を繰り返し使わず、別の表現で言い換えることがあります。そのため「the tech giant」は直前

1　記事の URL：http://fortune.com/2018/04/10/heres-why-facebook-just-gained-21-billion-in-value/

のGoogleを指します。しかし日本語ではこのような言い換えをする習慣はありません。対応する「巨大テクノロジー企業」は省略し、以下のように訳したほうが読みやすいでしょう。

【訳例2】上院議員はGoogleにも同法を支持するよう促したものの、同社はまだコメントを出していない。

原文にある単語はすべて訳す必要はありません。原文の持つ意味が十分に伝わるのであれば、余計な部分は省略し、読みやすくしてみます。

D. 補足

省略とは逆に、読者が理解しやすいように情報を付け足したり詳しく説明したりする方法です。図5-4のイメージです。

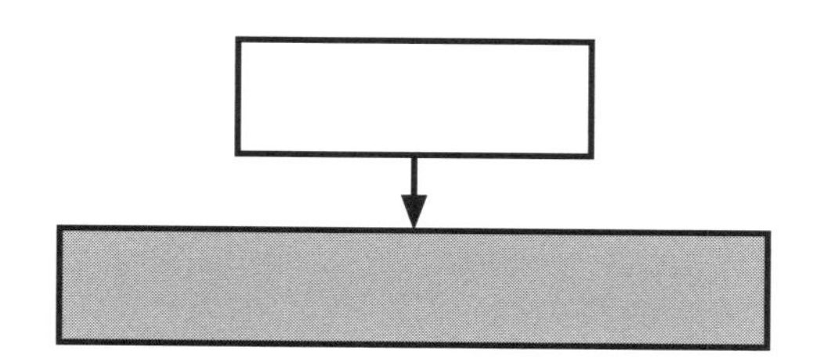

図5-4：補足

最初の英文サンプルを見てみます。

【原文】Dropbox went public on Friday, and is now worth $12 billion.(出典：Business Insider[2])

2 記事のURL：http://www.businessinsider.com/dropbox-y-combinator-application-from-2007-by-drew-houston-2018-3

英語のとおりに訳すと、次のようになります。

【訳例 1】Dropbox は金曜に上場し、時価は 120 億ドルである。

もし「Dropbox」が何であるか読者が知っているのであれば、これで問題ありません。ただし想定する読者が Dropbox について知らない可能性があれば、少し情報を補足すると理解が促進されます。

【訳例 2】ファイル共有サービスの Dropbox は金曜に上場し、時価は 120 億ドルである。

単に情報を付け足すというより、内容を具体的に説明すると読みやすくなるケースもあります。

【原文】Select an image to add, and click the + button. It will be displayed in your list instantly.

原文に沿って訳してみます。

【訳例 1】追加する画像を選択し、「+」ボタンをクリックします。それは即座にリストに表示されます。

ここで注目したいのは「それ」という指示詞です。もちろん日本語として成立していますが、違和感も覚えます。指示詞の内容を具体的に訳出することで、より自然な印象になります。

【訳例 2】追加する画像を選択し、「+」ボタンをクリックします。画像は即座にリストに表示されます。

英語原文に「he」とあったら日本語で「彼」、「these」とあったら「これら」としがちです。いわゆる逐語訳です。日本語では指示詞そのままではなく、具体的な名詞で訳したほうが自然な訳文に仕上がることもあります。

5-2. 訳し下げ

英語と日本語とでは文要素の構成順序が異なるため、日本語へうまく訳出できないことがあります。そういった場合に「訳し下げ」のテクニックが使えると上手に対処できることがあります。

訳し下げとは、原文の流れのとおりに訳すことを言います。順送りとも呼ばれます。その反対に、原文の流れと逆に訳すことを訳し上げ（逆送りとも）と呼びます。

訳し下げのテクニックが使える代表的な場面を２つ紹介します。

A. 関係詞

まず「関係詞」を使った修飾の場面です[3]。英語では関係詞を使って、被修飾語のあとに修飾語を足していきます。たとえば「I am reading a magazine that I bought yesterday at a convenience store.」という文です。「magazine」という被修飾語は、あとに続く関係詞 that 以下（I bought ～）に修飾されます。

ところがこれを日本語にする場合、被修飾語の前に修飾語を置くことになります。上記の英文を日本語に訳すと「私は、昨日私がコンビニで買った雑誌を読んでいます」といった文になります。「雑誌」の前に修飾語が置かれているため、英語原文の流れと逆になります。訳し上げているわけです。

このように、英語では関係詞を使って被修飾語の後ろにどんどんと修飾語を足していくのに対し、日本語では被修飾語の前に足さなければなりません。この結果、日本語訳は頭でっかちでおかしな表現になりがちです。次の英語原文を見てみましょう。

【原文】You can switch to HTML format, which will allow you to use

3　なお関係詞には that、which、who、what（以上関係代名詞）、where、when、why、how（以上関係副詞）があります。

this feature.（出典：Microsoft Word 2007）

訳し上げを使って、which の後ろから訳すとこうなります。

【訳例 1】この機能を利用可能にする HTML 形式に切り換えられます。

逆に、原文の順に訳し下げてみます。

【訳例 2】HTML 形式に切り換えると、この機能が利用可能になります。

こちらのほうがユーザーは読解しやすいはずです。というのも、原文の情報の流れ（操作→効果）と一致しているからです。

関係詞には「制限用法」と「非制限用法」があります。制限用法は被修飾語を限定して明確にします。本セクションの冒頭に挙げた「magazine that I bought ～」です。一般的には「カンマなし + 関係詞」という形です。一方、非制限用法は被修飾語について「説明を加える」という働きをします。上記の「HTML format, which will ～」が例です。一般的には「カンマ（,）+ 関係詞」という形です。

非制限用法は説明を加えるだけなので、構成順序を柔軟に変えられます。そのため原文の流れのとおりにする訳し下げで使える場面が多いと言えます。ただしあらゆるケースで該当するとは限らないため、状況判断が必要です。翻訳中に非制限用法（カンマ + 関係詞）に遭遇した場合、訳し下げのテクニックが使えないか検討してみましょう。

B. to 不定詞

次に to 不定詞の場面です。to 不定詞は「目的」を表すことがあります。たとえば「Change your settings to delete the file.」（ファイルを削除するには設定を変更してください）という文です。「to delete the file」は目的を示しており、日本語訳で「ファイルを削除するには」と文の最初に置かれています。つまり、訳し上げられているのです。

目的のニュアンスを出すときは、このように訳し上げることが普通ですが、訳し下げることもできます。以下の英文を例にします。

【原文】Click here to open

まず、これを訳し上げて日本語にします。

【訳例 1】開くにはここをクリック

今度は原文の流れに沿って訳し下げてみます。

【訳例 2】ここをクリックして開く

訳し下げることによって「目的」のニュアンスが弱くなってしまうというデメリットがあります。その一方で、原文の流れに合わせたり、文を短くしたりできるというメリットもあります。特に文を短くできるという点は、表示スペースが限られているUIで有利です。実際、さまざまなアプリのUIの日本語訳では、訳し下げる例が目立ちます。

ユーザーに誤解を与えないか十分に考慮した上で、適切ならば訳し下げのテクニックを使う判断をしてみましょう。

5-3. 品詞転換

英語にも日本語にも、名詞や動詞などの品詞が存在します。そのため、同じ品詞のまま翻訳できることがほとんどです。たとえば「app」という名詞は「アプリ」という名詞で、「specify」という動詞は「指定する」という動詞で英日翻訳できるということです。

しかし、翻訳する際に品詞を同一に保つ必要はありません。語によっては同じ品詞のまま翻訳しようとすると、うまく訳せないこともあります。そういったケースでは品詞を別のものに変えるという「品詞転換」というテクニックが使えます。

たとえば原文では形容詞であった単語を、翻訳する際に動詞にするということです。品詞転換で訳文が改善するようであれば、積極的に使ってみましょう。

英日翻訳における品詞転換の例をいくつか見てみます。これらはあくまで例であり、実際にはさまざまな品詞間で転換が可能です。

名詞→動詞

まずは名詞を動詞に転換する例です。訳例 1 は原文と同じ品詞で翻訳、訳例 2 は品詞を転換して翻訳しています。

【原文】Use of this feature allows you to download files smoothly.

【訳例 1】この機能の使用により、ファイルをスムーズにダウンロードできます。

【訳例 2】この機能を使うと、ファイルをスムーズにダウンロードできます。

動詞→名詞

逆に、動詞を名詞に転換する例です。同じく訳例 1 で原文と同じ品詞を使い、訳例 2 で品詞転換をしています。

【原文】This operation causes malfunction.

【訳例 1】この操作が不具合を引き起こします。

【訳例 2】この操作が不具合の原因になります。

形容詞→動詞

続いて形容詞を動詞に転換する例を挙げます。

【原文】To get a better image quality, change the resolution of your file.

【訳例 1】より良い画像品質を得るには、ファイルの解像度を変更します。

【訳例 2】画像品質を向上させるには、ファイルの解像度を変更します。

副詞→動詞

今度は副詞から動詞です。

【原文】File has been downloaded successfully.

【訳例 1】ファイルは首尾よくダウンロードされました。

【訳例 2】ファイルのダウンロードに成功しました。

なお「successfully」はアプリで頻出する言葉です。副詞のまま訳す場合は「正常に」という訳語もよく用いられます。覚えておくと便利です。

副詞→形容詞

次に副詞から形容詞への転換です。

【原文】In this case, an upload error often occurs.

【訳例 1】この場合、アップロード・エラーがしばしば起こります。

【訳例 2】この場合、アップロード・エラーが起こることは珍しくありません。

接続詞→名詞

最後に、接続詞を名詞に転換する例を紹介します。

【原文】Checking for software updates failed because you are not connected to the Internet.

【訳例 1】インターネットに接続していないので、ソフトウェア・アップデートの確認に失敗しました。

【訳例 2】ソフトウェア・アップデートの確認に失敗しました。インターネットに接続していないのが原因です。

日本語に翻訳したときに「どうもしっくりこないな……」と感じたら、原文とは別の品詞で翻訳できないか検討してみましょう。翻訳時に原文と同じ品詞を使わなければならないという決まりはありません。品詞転換は、翻訳者の創造性を発揮できる場面です。

5-4. 無生物主語

英語では無生物を主語にできます。たとえば「This change requires you to restart the app.」という英文では「This change」が主語になります。英語を読むと何も問題ない文です。ところが、主語を無生物のまま日本語にすると「この変更はアプリの再起動を要求します」と違和感を抱かせる訳文になってしまいます。このように、日本語では無生物をそのまま主語にすると不自然になることがあるため、翻訳時には工夫が必要です。

A. 英日翻訳での対処方法

英日翻訳時に英語原文で無生物主語が用いられていたら、以下のようにするとうまく日本語訳が作れることがあります。

a. 条件を示す形にする

無生物主語の代わりに「〜すると」、「〜を使うと」、「〜の場合」など、条件を示す表現を使う方法です。

以下、訳例 1 では無生物主語のままで訳し、訳例 2 では紹介するテクニックを使って翻訳しています。

【原文】Calling this function leads to memory shortage.

【訳例 1】この関数を呼ぶことはメモリー不足を発生させます。

【訳例 2】この関数を呼んだ場合、メモリー不足が発生します。

別の例も見てみましょう。

【原文】MyWorkGroup enables you to create user groups easily.

【訳例 1】MyWorkGroup はユーザー・グループを簡単に作成することを可能にします。

【訳例 2】MyWorkGroup を使うと、ユーザー・グループを簡単に作成できます。

b. 話題や場所を示す形にする

続いて、無生物主語の部分を「話題」や「場所」を示す形にする方法です。「〜

では」、「～で」、「～には」、「～に」、「～については」といった表現を用います。

では例を見てみましょう。

【原文】The browser list includes Firefox, Chrome, IE, and Safari.

【訳例1】ブラウザーのリストは、Firefox、Chrome、IE、およびSafariを含んでいます。

【訳例2】ブラウザーのリストには、Firefox、Chrome、IE、およびSafariが含まれています。

もう1つ例を挙げます。

【原文】This page shows new items.

【訳例1】このページは新しい商品を表示します。

【訳例2】このページで新しい商品が表示されます。

c. 受身の形にする

最後に、文を「受身」の形に変換する方法です。具体的には「～により（よって）、…される」という表現です。

まず本セクションの冒頭に挙げた例をこの方法で翻訳してみます。

【原文】This change requires you to restart the app.

【訳例1】この変更はアプリの再起動を要求します。

【訳例2】この変更により、アプリの再起動が要求されます。

さらに別の例を見てみます。

【原 文】Your antivirus software has detected malware.

【訳例 1】お使いのアンチウイルス・ソフトはマルウェアを検出しました。

【訳例 2】お使いのアンチウイルス・ソフトによってマルウェアが検出されました。

英語の無生物主語は、日本語訳が不自然になってしまう代表的な場面です。上記で紹介した方法を活かしながら、工夫して日本語訳を作りましょう。

B. 日英翻訳で無生物主語を活用

無生物主語が英語の特徴であるということは、逆にうまく使うと「英語らしい英語」を書けるということです。本書は主に英日翻訳のテクニックを紹介していますが、日英翻訳で無生物主語を活用する方法についても少し触れてみます。

無生物主語が使えないか検討する際には、上で説明した「条件」、「話題」や「場所」、「受身」が手がかりに使えます。順番に見てみましょう。

a. 条件

「〜すると」といった条件が日本語原文に含まれているケースです。

以下、訳例 1 はありがちな英訳、訳例 2 は無生物主語を使った英訳です。

【原 文】このプログラムをインストールすると、ファイルを開けます。

【訳例 1】If you install this program, you can open the file.

【訳例 2】Installing this program allows you to open the file.

なお、allowという動詞には「許可する」という意味もありますが、「～できます」という表現をしたいときに役立ちます。実際にIT英語では頻繁に用いられています。allow以外にも、enable、help、let、permitも同じように「～できます」という表現に使えます。

b. 話題や場所

次に、「～では」など話題や場所を示す表現が文の最初に入っている日本語です。

【原文】以下のセクションでは、入手可能なモデルを一覧にしています。

【訳例1】In the following section, available models are listed.

【訳例2】The following section lists available models.

「～では」と聞くと反射的に「in」などの前置詞が思い浮かびますが、無生物主語が使える場面があります。

c. 受身

最後に、受身になっている日本語です。

【原文】ウェブ・ブラウザーによってPDFファイルが表示されます。

【訳例1】A PDF file will be displayed by your web browser.

【訳例2】Your web browser displays a PDF file.

英訳するときに常に無生物主語が立てられるとは限りません。しかし無生物主語が使える可能性がないか、注意を払うようにしましょう。無生物主語で英訳すると「英語らしい英語」になり、表現が豊かになります。

本章のまとめ

本章では翻訳の基本テクニックを解説しました。重要なポイントをまとめます。

- 「対応関係調整」では、原文と訳文の対応関係を調整して訳文を自然なものにします。具体的には以下があります。
  - 分割
  - 統合
  - 省略
  - 補足
- 「訳し下げ」は順送りとも呼ばれ、原文の流れのとおりに訳す方法です。関係詞と to 不定詞が代表的な使用場面です。
- 「品詞転換」は、原文とは違う品詞を訳文で使う方法です。
- 英語の「無生物主語」は、条件、話題や場所、受身など、いくつかの方法で日本語に訳せます。また、日英翻訳では無生物主語を使うと英語らしい英語になります。

第6章

アプリ翻訳のポイント

本章では、アプリ翻訳で扱うドキュメント・タイプ、アプリ翻訳が難しい原因、特殊なテキスト、独特の言語表現、さらに用語やスタイルの統一といった話題を取り上げます。アプリ翻訳をする上で理解しておきたい重要なポイントばかりです。

6-1. アプリ翻訳のドキュメント・タイプ

アプリ翻訳で主に扱うドキュメントは、UIとヘルプ／マニュアルです。本セクションではそれらの特徴を紹介します。

A. UI

UIは「ラベル」と「メッセージ」に大別できます。

a. ラベル

ラベルはボタン名やメニュー項目などのテキストです。

例として、図6-1にWindows 10のフォルダー設定画面を挙げます。下部にある「OK」や「Cancel」といったボタン、さらに上部チェックボックスにある「Show recently used files in Quick access」といったテキストがUIラベルです。

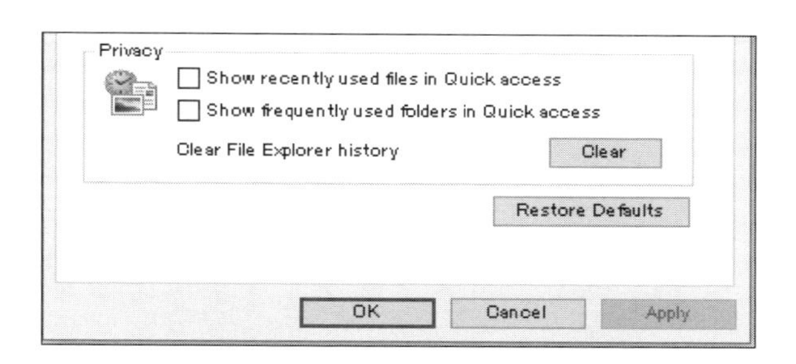

図 6-1：Windows 10 の UI

UI ラベルの言語的な特徴として、テキストが短いという点がまず挙げられます。図 6-1 に示すように、英語では 1 ～数語程度がほとんどです。

さらに英語では「省略」が頻繁に発生します。図 6-1 の最上部にあるチェックボックスのテキストは「Show recently used files in Quick access」とありますが、主語が省略されています。省略については本章「6-4. アプリ独特の言語表現」で詳しく説明します。

b. メッセージ

ユーザーに表示されるメッセージのテキストです。

図 6-2 は Windows のメモ帳アプリを閉じるときに表示される画面です。この「Do you want to save changes to Untitled?」がメッセージの一例です。

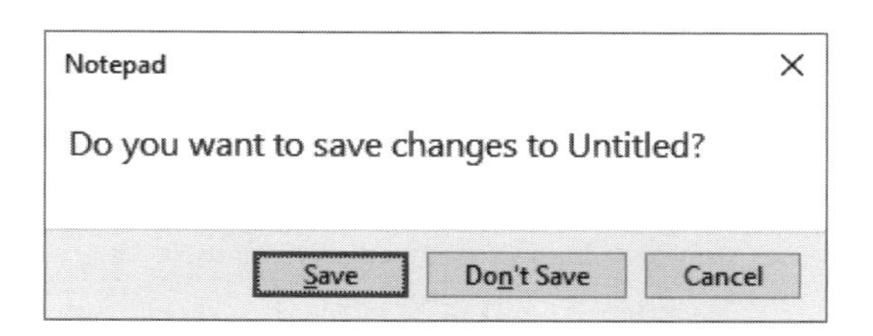

図 6-2：メモ帳のメッセージ

メッセージは UI ラベルより概して長く、文の形を取っているケースが多いと言えます。ただし UI ラベルと同様に、英語では「省略」が起こります。

メッセージには表 6-1 のような種類があります。

種類	説明
確認メッセージ	図 6-2 の「Do you want to save changes to Untitled?」のようにユーザーの意思を確認するメッセージ。疑問文が普通
指示メッセージ	「Click here to download.」のように、アプリがユーザーに操作指示するメッセージ。命令文が普通
エラー・メッセージ	「Unable to download.」のようにエラーが発生したことをユーザーに知らせる。頻繁に出現し、平叙文が普通

表 6-1：UI メッセージの種類

B. ヘルプ／マニュアル

アプリの使用方法をユーザーに説明するドキュメントです。

図 6-3 は Facebook のウェブ・アプリのヘルプです。

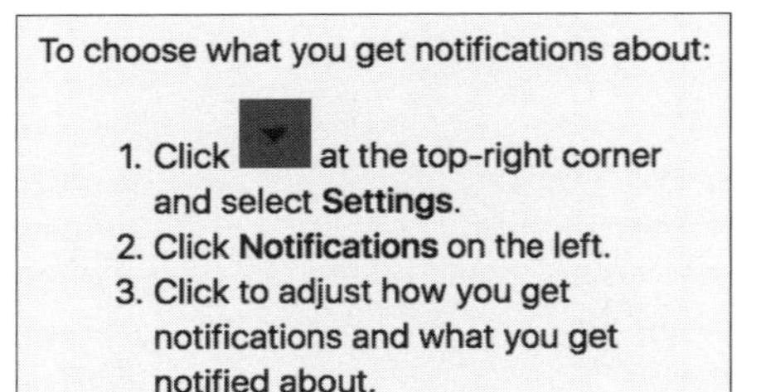

図 6-3：Facebook ウェブ・アプリのヘルプ

操作手順の説明が多く、図 6-3 の例では手順が 3 ステップで書かれています。英語の場合、操作手順は「命令形」で簡潔に書かれるという特徴もあります。同図では「Click 〜」という命令形が続いています。

ヘルプやマニュアルはテキストの分量が大きくなるため、アプリ開発会社はアウトソーシングするケースが増えます。そのためフリーランス翻訳者も、ヘルプやマニュアルの翻訳を請け負う機会は多いと言えます。

C. その他

アプリ翻訳でメインとなるのはUIとヘルプ／マニュアルですが、それ以外にも翻訳する機会があるドキュメントは存在します。使用許諾契約や製品紹介です。

a. 使用許諾契約

アプリやサービスの利用時にユーザーが読むドキュメントです。文体は法律文書に近く、用語が厳密に定義されたり、助動詞に意味があったり（例：shallは義務）、重要な部分は大文字で書かれたりします。最終的に法務担当者のチェックが入ることもあります。

例として図6-4にApple Mapsの使用許諾契約[1]を示します。用語が定義されていたり（"Terms of Use"や"Service"）、重要な部分が大文字になったりしています。

Acceptance
The following Terms and Conditions of Use (the "Terms of Use") are between you and Apple and constitute a legal agreement that governs your use of the Apple Maps and any content made available to you therein (collectively referred to as the "Service").

BY USING THE SERVICE, YOU AGREE TO THESE TERMS OF USE; IF YOU DO NOT AGREE, DO NOT USE THE SERVICE.

図6-4：Apple Mapsの使用許諾契約の例

b. 製品紹介

会社ウェブサイト上やアプリ・マーケット上などに掲載される製品紹介を翻訳する機会もあります。通常、ヘルプのような操作説明とは異なり、ユーザーの興味を引くような文体で書かれます。最終的に広告やマーケティングの担当者がチェックすることもあります。

1 Apple Maps Terms of Use。URL：https://www.apple.com/legal/internet-services/maps/terms-en.html（2018-07-15アクセス）

図 6-5 のサンプルは、Google Play 上に掲載されている「Android Auto[2]」アプリの紹介文です。「With a simplified interface, large buttons, and powerful voice actions, ～」などと製品の特長をユーザーにアピールしています。

Android Auto is your smart driving companion. With a simplified interface, large buttons, and powerful voice actions, Android Auto is designed to make it easier to use apps from your phone while you're on the road.
Just say "Ok Google" to...

• Route to your next destination using Google Maps with real-time GPS navigation and traffic alerts
• Make calls using Google Assistant and answer incoming calls with just a tap.

図 6-5：Android Auto の紹介文の例

アプリ翻訳で翻訳者が主に翻訳するのは UI やヘルプ／マニュアルですが、使用許諾契約や製品紹介を翻訳することもあります。こういったドキュメントは、文体の特徴が UI やヘルプ／マニュアルとは違うので注意が必要です。

6-2. アプリ翻訳の難しさの原因

翻訳と一口に言っても、フィクション、字幕、特許、医薬などさまざまな分野の翻訳があり、それぞれに特有の難しさがあります。アプリ翻訳にももちろんあります。アプリ翻訳の場合、難しさの原因の 1 つに、アプリが「デジタル・メディア」であるという点が挙げられます。

デジタル・メディアの特徴にはモジュール性や多様性があるとされます (Manovich、2002)。「モジュール性」とは、部品が組み合わさって大きなものを作っている状態を指します。たとえばショッピング・サイトの場合、ユーザー名や商品数といったデータが部品として存在します。それを組み合わせて「○○さん、商品がカートに△△個あります」といったメッセージを作ります。そのメッセージは 1 つのウェブ・ページを構成する部品となります。さらに、そのウェブ・ペー

2 Android Auto（Google 提供）。URL：https://play.google.com/store/apps/details?id=com.google.android.projection.gearhead（2018-07-15 アクセス）

ジはウェブサイト全体を構成する部品となります。部品どうしが組み合わさって、より大きなものを作っているのです。

また「多様性」とは、異なるバージョンがいくつも生成されている状態です。たとえば同じ設定画面であっても、一般ユーザーか管理者かによって、表示されるボタンが異なることがあります。管理者には「ユーザー削除」など、強い権限が求められるボタンが表示されるかもしれません。このように、データやメッセージなどの部品を組み合わせて（モジュール性）、さまざまなバージョンを生成する（多様性）のがデジタル・メディアの特徴です。

部品を組み合わせて多様なテキストが生成されるということは、読者が読む段階になって初めて最終テキストが確定することがあると言えます。言い換えると、翻訳段階では最終テキストが固まっていないのです。当然ながら、従来の印刷メディアではこのようなことはありません。たとえば印刷書籍の最終テキストは、翻訳する前には確定しているはずです。

つまりアプリ翻訳では、最終的にどう読者に表示されるのかを常に想像しながら、メッセージやボタンなどの部品を翻訳しなければならないのです。これがアプリ翻訳で最も困難な部分だと言えるでしょう。

6-3. 特殊なテキスト

アプリ翻訳では、デジタル・メディアであるが故の特殊なテキストが存在します。ここではプレースホルダー、タグ、条件選択、アクセスキーを取り上げます。これらをうまく処理しないと、アプリ上でテキストが正常に表示されなくなることがあります。

A. プレースホルダー

プレースホルダーとは、あとでその場所に情報を挿入するために、あらかじめ場所を確保しておく目印のことでした。1-3の「B. プレースホルダーの利用」で少し説明しましたが、さらに詳しく説明します。

先ほど挙げた以下のショッピング・サイトのメッセージを例にします。

○○さん、商品がカートに△△個あります。

「○○」にはユーザー名、「△△」には商品数が入ります。ユーザー名はユーザーが異なれば違いますし、商品数はある時点でアプリが数えて生成します。状況で異なるため、挿入場所だけプレースホルダーであらかじめ確保するのです。翻訳者はプレースホルダーに何が入るのか想像しながら翻訳しなければなりません。

分かりやすくするために「○○」といった記号を使いましたが、実際のプレースホルダーはさまざまで、アプリで異なります。たとえば以下のような文字が使われます。

{0} {1} %d %1$s %2$s %USERNAME

続いて、プレースホルダーが原文に入っているときの対処方法を見てみます。

プレースホルダーが入っている原文を訳すときは、訳文でも対応する位置にプレースホルダーを配置します。まれに削除するという対応を取ることもありますが、基本的には訳文でも残します。たとえば英日翻訳では次のようになります。

【原文】Welcome, {0}!

【訳例】ようこそ、{0} さん！

{0} というプレースホルダーに「John」というテキストが挿入された場合、英語だと「Welcome, John!」、日本語だと「ようこそ、John さん！」と表示されるはずです。

プレースホルダーが 1 つの場合はそれほど迷うことはありませんが、たまに複数のプレースホルダーが使われることがあります。ダウンロード済みのファイル数を示すテキストを例にします。

【原文】{0} of {1} files have been downloaded.

【訳例 1】{0} 個のうち {1} 個のファイルがダウンロードされました。

プレースホルダーは2つあり、2つとも原文どおりの順に置かれています。しかし、実はこれではうまく表示されません。英語原文を見ると、プレースホルダー「{0}」にダウンロード済みのファイル数、「{1}」に全部のファイル数が入りそうです。仮に、全8ファイルのうち5ファイルのダウンロードが完了しているとすると、アプリ上では以下のように表示されるはずです。

5 of 8 files have been downloaded.

5個のうち8個のファイルがダウンロードされました。

日本語訳を見ると、数が逆になっていることが分かります。表示されたテキストを見ると誤訳と言われても仕方ありません。

複数のプレースホルダーがある場合、並べ方にも注意を払う必要があるということです。プレースホルダーが複数使われている原文テキストでは、区別するための数字が付いていることがあります。{0} や {1}、あるいは「%1$s」や「%2$s」に入っている数字です。上記の例では、{0} と {1} を入れ替えて翻訳する必要があったのです。

【訳例 2】{1} 個のうち {0} 個のファイルがダウンロードされました。

こうすると、以下のようにきちんと表示されるはずです。

8個のうち5個のファイルがダウンロードされました。

プレースホルダーが含まれるテキストを翻訳する実践的な練習は、9章で紹介するローカリゼーション訓練アプリを使うとできます。

B. タグ

テキストに何らかの情報を追加するための記号です。代表的なのは HTML や XML といったマークアップ言語で用いられるタグです。ここでは HTML を例にします。

基本的に、原文にタグがあれば、訳文でも対応する部分にタグを挿入します。たとえば HTML で <b></b> というタグは、囲まれたテキストをボールドにします。英語が原文の例を示します。

【原文】Click the <b>Share</b> button.

【訳例】<b> 共有 </b> ボタンをクリックします。

ただし、訳文にタグを適用しないこともあります。たとえば日本語ではイタリックを適用すると文字がつぶれて読みにくいことがあるため、タグを外すよう翻訳依頼者が指示することもあります。その場合、単純にタグを削除することもありますが、QA ツールでタグの不整合を指摘されることがあるため、文字にかからないよう外しておくこともあります。以下は外した例です。

【原文】The topic is detailed in <i>The Mythical Man-Month</i>.

【訳例】この話題は『人月の神話 <i></i>』に詳しい。

また、通常、タグは翻訳しません。ただしタグ内には翻訳可能なテキストが存在することがあります。例を挙げると、img タグで画像が表示されないときに代わりに表示するテキストを入力しておく「alt」属性です。翻訳者は、翻訳が必要かどうか依頼者に確認を取ることが望ましいと言えます。以下は alt 属性のテキストを翻訳した例です。

原文：<img src="image/magicalgirl.jpg" alt="Magical Girl">

訳例：<img src="image/magicalgirl.jpg" alt=" 魔法少女 ">

タグが含まれるテキストを翻訳する練習も、第９章で紹介するローカリゼーション訓練アプリで可能です。

C. 条件選択

何かしらの条件に応じて異なるテキストを選択して表示するアプリがあります。2010 年代になってから広まり始めた新しい仕組みです。ここで「条件」とは、たとえば名詞の単数形と複数形、あるいは男性名詞や女性名詞などです。

日本語の場合、名詞の数に応じて単数形と複数形を使い分けることはしません。１冊でも２冊でも「本」です。しかし英語では１冊なら「book」、２冊以上なら「books」になります。以下に条件選択のある英語原文のサンプルを示します。プレースホルダー（#）に入る数字に応じて異なる訳文を選択して表示します。

数が１：　　　You have # book in your reader.
数が２以上：　You have # books in your reader.

日本語では単数形と複数形を使い分けるわけではないため、同じ訳文になります。まったく同じ文が２回登場することになりますが、これで問題ありません。

数が１：　　　リーダーには、# 冊の本があります。
数が２以上：　リーダーには、# 冊の本があります。

条件選択を表す方法はプログラミング言語やライブラリーによって異なりますが、ICU（International Components for Unicode）[3]の書式を使う例が頻繁に見られます。ICU の書式を使った複数形選択はこうなります。

3　ICU の URL：http://userguide.icu-project.org/formatparse/messages

```
{num_of_books, plural,
    =0 {No book in your reader.}
    one {You have # book in your reader.}
    other {You have # books in your reader.}
}
```

ここで「num_of_books」には本の数が入ります。「plural」は複数形選択の場合のキーワードです[4]。また「=0」は0冊の場合のメッセージ、「one」は1冊の場合のメッセージ、「other」は英語ではone以外（つまり複数）の場合のメッセージです[5]。

翻訳者が翻訳するのは、波かっこのなかのテキストになります。ただし「#」はプレースホルダーで、ここに本の数（1、3、24など）が挿入されます。プレースホルダーは翻訳者が移動できるようになっています。

やや複雑な印象を受けますが、前述のように、この仕組みを取り入れるアプリは近年増加しています。少なくともこのような仕組みが存在する点は頭の片隅に入れておきましょう。なお、第9章で紹介するローカリゼーション訓練アプリで、この条件選択が含まれるテキストの翻訳練習ができるようになっています。

D. アクセスキー

アクセスキーとは、Windowsアプリでコマンドを実行するために用いられるキーで、メニュー上にアルファベット1文字で表示されます。「メモ帳」を例にすると、図6-6のように表示されます。左が英語版、右が日本語版です。

4　ほかに、任意の文字列が一致したときに選択できるキーワード「select」もあります。

5　「one」や「other」は複数形のカテゴリー名です。UnicodeのCLDR（http://cldr.unicode.org/index/cldr-spec/plural-rules）で定義されています。英語の場合、one（単数）とother（それ以外。つまり0も複数も）です。日本語や中国語では単数複数を区別しないので、otherのみです。一方、ロシア語は複数形が複雑で、one、few、many、otherの4カテゴリー、アラビア語ではzero、one、two、few、many、otherとなんと6カテゴリーもあります。

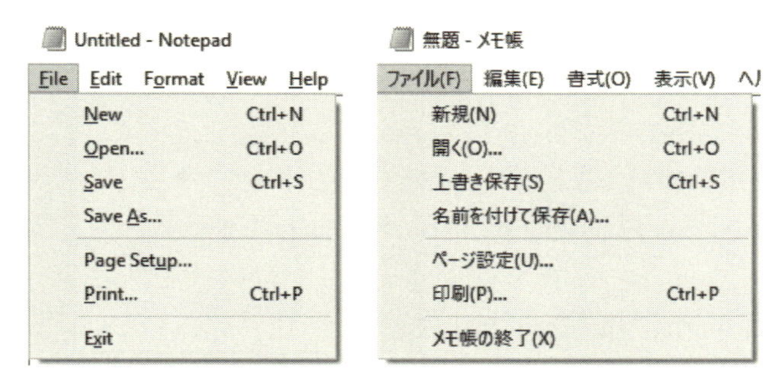

図 6-6：「メモ帳」のアクセスキー

アクセスキーは、英語版では「New」のようにアルファベットに下線で、日本語版では「新規 (N)」のように丸かっこで表示されています。

通常、Windows アプリのメニューを日本語に翻訳するときは、アクセスキーとなるアルファベットを図のように丸かっこでくくって追加することになります。Windows アプリを翻訳する際は注意してください。

第 7 章「英日翻訳の実践」では、アクセスキーを含む英語原文を和訳する方法も練習します。

6-4. アプリ独特の言語表現

どの分野にも特徴的に用いられる言語表現があります。アプリには、デジタル・メディアである、表示スペースが限られるといった理由から、ほかの分野のドキュメントとは異なる言語的特徴があります。この特徴を知っておくと翻訳がしやすくなるため、本セクションで紹介します。

A. 命令表現が英日で違う

アプリは、人間がコンピューターに情報処理をさせる目的で使います。そのためアプリに指示を出すための命令文が多く見られます。たとえば図 6-6 にある「Open」（開く）も「Save As」（名前を付けて保存）は、人間からアプリに対する命令です。

逆に、アプリから人間に指示が出されることもあります。たとえば「Click this button to download.」というメッセージは、アプリから人間への操作指示です。このような操作指示も非常に多く出現します。

操作指示を英日翻訳するときは、命令口調ではなく「〜します」と表現することが普通です。つまり以下の訳例 1 ではなく、訳例 2 です。

【原文】Click this button to download.

【訳例 1】ダウンロードするには、このボタンをクリックせよ。

【訳例 2】ダウンロードするには、このボタンをクリックします。

また、日英翻訳するときも注意したい点があります。アプリから人間への操作指示を日本語で書くとき、「〜してください」と丁寧な表現をします。これを英訳するときは「Please」を付けてしまいがちです。しかしこういった操作指示で Please は不要です。つまり以下の訳例 2 のように、Please なしの命令文で問題ありません。

【原文】編集前にファイルを保存してください。

【訳例 1】Please save the file before you edit it.

【訳例 2】Save the file before you edit it.

B. 省略して短くする

英語では文の要素を「省略」することがあります。省いても意味的に問題ないときに発生します。特にアプリでは、テキストを省略して短くする例が頻繁に見られます。これは表示スペースが限られているという点が理由だと考えられます。

英語では以下のような要素が省略されます。英語が原文のサンプルと、その日本語訳例を見てみましょう。

a. 主語

主語が省略されます。これを和訳する際も主語を省くことになりますが、日本語では主語の省略は珍しくないため、違和感は少ないでしょう。

【原文】Can't access SD card.（出典：Android）
→ The app などが省略

【訳例】SD カードにアクセスできません。

b. 動詞

助動詞も含め、動詞が省略されます。is や are など be 動詞が省略されるケースが目立ちます。

【原文】No apps found.（出典：Windows Phone 7.5）
→ are や have been が省略

【訳例】アプリが見つかりません。

c. 主語と動詞

上記の主語と動詞がまとめて省略される例です。

【原文】Use it anyway?（出典：Microsoft Excel 2007）
→ Do you などが省略

【訳例】使用を続けますか？

d. 目的語

出現例はあまり多くありませんが、目的語も省略されることがあります。

【原文】Delete From My iPhone（出典：iOS）
→　this や this item が省略

【訳例】自分の iPhone から削除

このように英語では文中のさまざまな要素が省略されます。日本語に翻訳するときは「短くしたい」という原文筆者の意図を汲み、可能な限り短いテキストに翻訳するようにしましょう。

日英翻訳をする際も、適切な状況であれば省略を検討します。日本語では漢字を使うと UI のテキストがかなり短くなります。そのためその英訳もできるだけ短くしないと、スペースに入り切らなかったり、可変長のボタンではレイアウトが崩れたりすることもあります。日英翻訳時には上記の主語、動詞、目的語以外にも、冠詞（a や the）が省略できます。

C. リストを多用する

前述のようにアプリはデジタル・メディアで、状況に応じてその場で情報を生成します。いくつ項目があるか予測できないときに便利なのは、リスト（箇条書き）を使って列挙する方法です。リストの末尾に項目をどんどん追加すればよいからです。そのためアプリではリストが多用されます。

英語でリストを導入するときは「following」や「follows」といった言葉と、文末にコロン（:）を加える形式が一般的です。コロンのあとに改行が入り、その下にリスト項目が並べられます。この日本語訳としては「次の」や「以下」という言葉が用いられます。英日翻訳のサンプルを見てみます。

【原文】Click one of the following:

【訳例】次のうち1つをクリックします：

【原文】Specify the following options:

【訳例】以下のオプションを指定します：

【原文】The folder is organized as follows:

【訳例】フォルダーは次のように構成されます：

原文と同様に、日本語の訳例でも文末にコロンが置かれています。しかし翻訳依頼者が指定するスタイルによっては、コロンを使わないこともあります。もしスタイルガイドがあれば確認しておいたほうが無難でしょう。

反対にリストを日英翻訳するときには、「following」やコロンを活用して英訳してみましょう。

D. you や your は内容を考えて訳す

英語のアプリでは「you」や「your」という言葉が非常に頻繁に出てきます。アプリを操作している人（you）やその人の所有物（your）を指し示すときに使われる言葉です。英日翻訳では you や your の訳し方で、読者に与える印象が変わってきます。

英語原文に「you」がある場合、日本語で「訳出しない」という選択肢がまずあります。

【原文】You can change this setting later.

【訳例】この設定はあとで変更できます。

一般的なユーザーを指しているときは、「ユーザー」という言葉でも訳出できます。

【原文】You can choose how the photo is displayed.

【訳例】ユーザーは写真の表示方法を選択できます。

「you」の直接的な訳語である「あなた」も使えます。ただし日本語だといかにも翻訳調という印象を与えるため、適切な場合以外は避けたほうがよいでしょう。以下は「あなた」と明示したほうが分かりやすくなるケースです。

【原文】This file is locked because you are editing it now.

【訳例】あなたが編集中のため、このファイルはロックされています。

所有物を指すときに使うyourも、まずは「訳出しない」という方法が挙げられます。

【原文】Backup your files

【訳例】ファイルをバックアップ

やはり同様に「ユーザーの」や「あなたの」も可能です。

【原文】This option requires your permission.

【訳例】このオプションではユーザーの許可が必要です。

【原文】Your personal information may be visible.

【訳例】あなたの個人情報が閲覧される可能性があります。

さらに、「お使いの」、「ご利用の」、「ご購入の」、「お住まいの」、「自分の」、「この」といった言葉が適切な場面もあります。

【原文】Your account has been disabled.

【訳例】お使いのアカウントが無効になりました。

【原文】Your smartphone has 4GB of RAM.

【訳例】ご購入のスマートフォンには4GBのRAMが搭載されています。

【原文】This service is unavailable in your area.

【訳例】このサービスはお住まいの地域ではご利用になれません。

【原文】Publish your profile

【訳例】自分のプロフィールを公開

このように、youやyourは多様な和訳が可能です。「あなた」や「あなたの」で問題ない場面もありますが、訳出しなかったり、「ご購入の」や「お住まいの」を使ったりしたほうが適切な場面もあります。日本語に翻訳する際は、youやyourが示す内容を考えて訳語を選ぶようにしてください。

E. UI テキストに独特の表記方法がある

アプリに表示されるテキストには、画面の操作説明が頻出します。このときボタン名やメニュー項目といった UI 要素は目立つように表記されます。

英語では UI テキストをボールドにしておく方法が一般的です。しかし日本語では表記方法が異なることがあります。カギかっこ（訳例 1）で囲ったり、半角の角かっこ（訳例 2）で囲ったりします。

【原文】Click **OK.**

【訳例 1】「OK」をクリックします。

【訳例 2】[OK] をクリックします。

UI テキストをどのように表記するかは、翻訳依頼者のスタイルで指定されることがあります。もし指定がなければ、既存の表記方法を参考にしたり、何かに統一して翻訳依頼者にレポートしたりといった対応を取ります。

F. 連続操作に独特の表記方法がある

アプリでは、ユーザーが連続して選択する操作があります。たとえば「ファイル」をクリックし、「共有」をクリックし、さらに「電子メール」をクリックするという操作です。連続操作は「〜をクリックし、次に〜をクリックします」と言葉で表現されることもありますが、記号を使って表記する方法もあります。

英語の場合、「>」（不等号）や「->」（ハイフンと不等号）を使う例が目立ちます。どちらも半角の記号です。

これを日本語に翻訳する場合、英語のままにすることも、「→」（右矢印）にすることもあります。UI と同様、連続操作の表記方法も翻訳依頼者のスタイルで指定されることがあるので、注意しましょう。

【原文】You can change it on the **Settings** > **Advanced** > **Display.**

【訳例】「設定」→「詳細」→「ディスプレイ」で変更できます。

【原文】Choose **Settings** -> **General** -> **My Profile.**

【訳例】「設定」→「全般」→「自分のプロフィール」を選択します。

G. リンク先のタイトルを考慮する

デジタル・メディアではリンクを設定し、別のページや画面にジャンプさせることも可能です。このとき、リンク元とリンク先のタイトルが一致していないと読者が混乱する可能性があります。たとえば以下のように英日翻訳したとします。

【原文】See Terms and Conditions at our website.

【訳例1】当社ウェブサイトの「利用規約」をご覧ください。

ところが、実際にジャンプしてみるとページのタイトルが「使用条件」だったとします。翻訳が違うため、読者は同一のものか判断できない恐れがあります。リンク先が存在するときは、訳例２のように、その翻訳を使うようにしましょう。

【訳例2】当社ウェブサイトの「使用条件」をご覧ください。

また、リンク先に翻訳がなく、原文しか存在しないことがあります。このとき、原文のままにして言語を補足しておく（訳例3）、原文に仮訳をかっこで付記しておく（訳例4）、自分で訳しておく（訳例5）などの対応が考えられます。どれを選択するにしても翻訳依頼者に伝えておくことが望ましいでしょう。

【訳例 3】当社ウェブサイトの「Terms and Conditions」(英語)をご覧ください。

【訳例 4】当社ウェブサイトの「Terms and Conditions（利用規約）」をご覧ください。

【訳例 5】当社ウェブサイトの「利用規約」をご覧ください。

6-5. 用語の統一

あるアプリに登場するテキストは、そのアプリ内だけで使われるわけでは必ずしもありません。

まず、ボタン名などの UI テキストは、ヘルプやマニュアルといった別のドキュメントから参照されることになります。たとえば「Preference」というボタンが「個人設定」と訳されていたら、ヘルプでもその訳語（用語）を使わなければなりません。もしヘルプの翻訳者が勝手に「環境設定」や「基本設定」などと訳していたら、ユーザーは混乱することになります。

また、アプリは機能追加などでバージョンアップされることがあります。このとき、新バージョンに登場するテキストの翻訳を担当する人は、旧バージョンと同じであるとは限りません。そのため、誰が担当しても同じ訳を当てられるよう、用語を決めておく必要があります。

つまり、ドキュメント間やバージョン間で用語の統一を図ることが重要になるわけです。図 6-7 を参照してください。

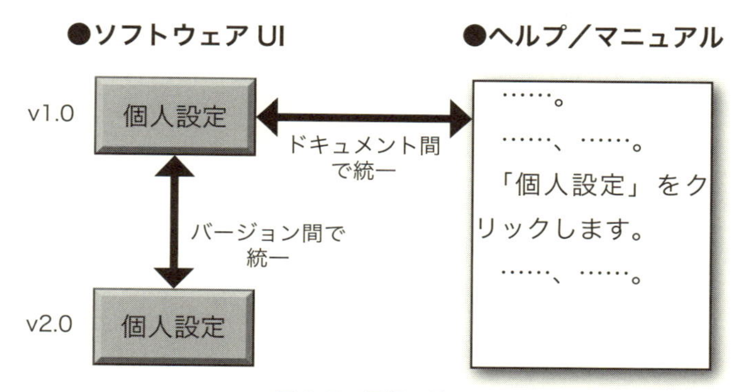

図6-7：用語の統一

実際にアプリ関連のテキストを翻訳するときは、この両面での統一に注意を払うようにしましょう。もしヘルプやマニュアルを訳すのであれば、参考資料としてUIテキスト用語集や実際のアプリが欠かせません。また、新バージョンを訳すのであれば、旧バージョンのUIテキスト用語集や翻訳メモリーなどが必要です。翻訳者は、こういった参考資料を翻訳依頼者から入手します。つまり以下のような資料が用語の統一に役立ちます。

- 対訳のUIテキスト用語集[6]
- アプリそのもの（ヘルプやマニュアルの翻訳時にUIテキストを確認できる）
- 翻訳メモリー（過去の翻訳を参照できる）

もし翻訳依頼者が統一の重要性を理解しておらず、参考資料も持っていなかったら、作成するように頼んだほうがよいでしょう。用語をうまく統一できないと、アプリのローカリゼーションは失敗する可能性があります。

6　大規模なローカリゼーション・プロジェクトでは、まずUIを先に翻訳して対訳集を作っておくことがあります。大規模プロジェクトだと複数人で同時に翻訳することがあり、あらかじめ用語集を作っておかないと、訳語がバラバラになってしまうからです。

6-6. スタイルの統一

用語の統一と同じくらいに大事なのが「スタイル」の統一です。スタイルとは言葉の表現形式のことで、「である調」（常体）と「ですます調」（敬体）といった文章全体に関する事柄から、カタカナ語の長音を付けるか付けないかといった細かな事柄まで含まれます。

スタイルの統一には「スタイルガイド」が用いられます。スタイルガイドについては、3-3 の「B. スタイルガイド」で紹介しました。

アプリ翻訳では、スタイルを統一しておかないと困ったことが起こります。まず、これまで何度か触れてきたように、アプリ翻訳では翻訳メモリー（TM）を使って訳文を再利用することがよくあります。そういった案件では複数の翻訳者が関わることも想定されており、各翻訳者が自分の好きなスタイルで翻訳すると、さまざまなスタイルの訳文が翻訳メモリー内に混在することになります。前述のような常体と敬体が混ざってしまうという事態です。

次に、アプリはデジタル・メディアであり、その場でテキストを合成します。たとえば「プリンタのドライバがありません」と「プリンターのドライバーをインストールしてください」というメッセージが続けて表示されたとします。カタカナ語の長音の有無がバラバラ（プリンタ／プリンター、ドライバ／ドライバー）なので、ユーザーに悪い印象を与えかねません。

重要な日本語スタイル

アプリのテキストを和訳する際、重視されるスタイルをあらかじめ把握しておくと、翻訳を効率的に進められます。ここでは先述の「JTF 日本語標準スタイルガイド」にも記載されている重要な日本語スタイルをいくつか紹介します。

a. カタカナの長音

「ユーザ」とするか「ユーザー」とするかの問題です。JTF スタイルガイドでは長音を省略しない（つまり「ユーザー」）としています。

b. カタカナの複合語

「アプリデザイン」、「アプリ・デザイン」、「アプリ デザイン」（半角スペースで区切り）のどれにするかです。JTF スタイルガイドでは、2つめの中黒での区切りか、3つめの半角スペースでの区切りとしています。

c. 数字やアルファベットの全角と半角

「０１２３４」（全角）か「01234」（半角）の問題です。JTF スタイルガイドでは、数字やアルファベットは全角ではなく「半角」を使うとしています。

d. 全角文字と半角文字との間の半角スペース

アプリ翻訳では、全角文字と半角文字との間に半角スペースを入れるかどうかが問題になることがあります。たとえば「Java 言語」か「Java_ 言語」（アンダースコアが半角スペース）か、「2018 年」か「2018_ 年」かです。

JTF スタイルガイドでは「入れない」としていますが、「入れる」としているアプリ開発会社もあるので、そういった企業の翻訳案件を担当するときは要注意です。

e. リストの文体と句点

リスト（箇条書き）の文体をどうするかという点です。常体（である調）、敬体（ですます調）、体言止めが考えられます。JTF スタイルガイドでは、基本的には本文に合わせるものの、本文が敬体の場合は常体か体言止めでも可としています。どれを選択するにしても、同一リスト内では統一が必要です（望ましくはドキュメント全体でも）。

また、末尾に句点（。）を付けるかどうかも問題になります。こちらもリスト内で統一を図ります。

f. 見出し

「アプリをインストールする」（常体）や「アプリのインストール」（体言止め）という書き方です。

JTF スタイルガイドでは、本文が敬体であっても、見出しは常体か体言止めにするとしています。また「アプリをインストールするには」といった表記も可としています。

上記のように、重要なものをだけを挙げてもさまざまなスタイルがあります。
スタイルガイドは翻訳依頼者が用意し、翻訳者に支給するケースが多いと言えます。ただし、あまり翻訳プロジェクトに詳しくない依頼者の場合、スタイル統一の重要性を理解しておらず、スタイルガイドも準備していないことがあります。こういったときは翻訳者自身でスタイルガイドを選んで準拠し、翻訳を進めたほうがよいでしょう。翻訳者は納品時に「スタイル指定がなかったのでこのスタイルに準拠しました」とコメントします。

本章のまとめ

本章ではアプリ翻訳のポイントを解説しました。重要な点をまとめます。

- アプリ翻訳で主に扱うドキュメントに「UI」と「ヘルプ／マニュアル」があります。
- アプリ翻訳の難しさの原因として「デジタル・メディア」である点が挙げられます。紙メディアとは違い、読者が読む段階になって初めて最終テキストが確定します。
- アプリ翻訳では「特殊なテキスト」を扱います。以下のようなものです。
  - プレースホルダー
  - タグ
  - 条件選択
  - アクセスキー
- アプリには独特の言語表現があり、適切に対応する必要があります。
  - 命令表現が英日で違う
  - 省略して短くする
  - リストを多用する
  - you や your は内容を考えて訳す

- UI の表記方法がある
- 連続操作の表記方法がある
- リンク先のタイトルを考慮する

- アプリ翻訳では「用語の統一」が重要になります。
- 同様に「スタイルの統一」も重要です。

第２部

アプリ翻訳の実践

第２部からは、第１部で習得した内容を基に、実際に翻訳にチャレンジしてみます。各章の内容は次のようになります。

第７章「英日翻訳の実践」：英日翻訳を実践します。UI、ヘルプ／マニュアル、アプリ紹介文を課題にします。

第８章「日英翻訳の実践」：日英翻訳を実践します。英日よりやや分量は少なくなっており、UIとヘルプ／マニュアルを課題にします。

第９章「ローカリゼーション訓練アプリによる翻訳実習」：アプリ上でどう翻訳テキストが表示されるか確認できるローカリゼーション訓練アプリを使ってみます。

第２部でアプリ翻訳を実践してみることで、基本的な翻訳スキルが身につくはずです。

第7章

英日翻訳の実践

本章では、アプリに関連するテキストの英日翻訳をすることで、翻訳スキルを高めるトレーニングをします。例題では、オープンソースのライセンスが設定されていて、実際に広く利用されているアプリからテキストを取得しています。たとえばChromeブラウザーやOpenOfficeの表計算ソフトなどです。アプリの画面で文脈も確認しながら翻訳しましょう。

ドキュメントの種類として、UI（ユーザー・インターフェイス）、ヘルプ／マニュアル、さらにアプリ紹介文を取り上げています。

7-1. UI（ラベルとメッセージ）

A. ウェブ・ブラウザー

Chrome ブラウザー（Android 版）アプリの UI に表示されるテキストを英日翻訳してみましょう。

Chrome ブラウザーにはアクセシビリティーを設定できる画面があります。アプリ内でこの画面は図 7-1 のように表示されます。

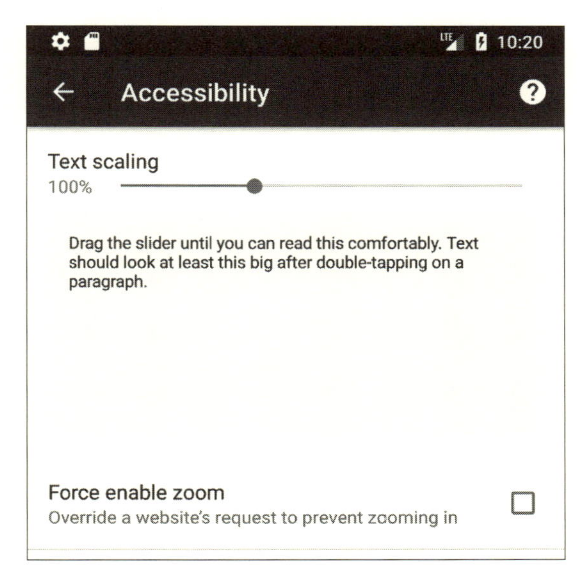

図 7-1：Android 版 Chrome ブラウザーのアクセシビリティー設定画面

この画面に表示されているテキストは、XML 形式のファイルに格納されています。翻訳者は対象テキストのみを訳します。実際の XML 形式ファイルは以下のようになっています。

```
<!-- Accessibility preferences -->
<message name="IDS_PREFS_ACCESSIBILITY" desc="Title of Accessibility settings, which allows the user to change webpage font sizes. [CHAR-LIMIT=32]">
  Accessibility
</message>
<message name="IDS_FONT_SIZE" desc="Title for font size preference.">
  Text scaling
</message>
<message name="IDS_FONT_SIZE_PREVIEW_TEXT" desc="Preview text for font-size slider.">
  Drag the slider until you can read this comfortably. Text should look at least this big
```

```
after double-tapping on a paragraph.
</message>
<message name="IDS_FORCE_ENABLE_ZOOM_TITLE" desc="Title of preference that allows the user to zoom in on any webpage, even if the page tries to disable zooming.">
    Force enable zoom
</message>
<message name="IDS_FORCE_ENABLE_ZOOM_SUMMARY" desc="Summary of preference that allows the user to zoom in on any webpage, even if the page tries to disable zooming.">
    Override a website's request to prevent zooming in
</message>
```

「message」というタグに挟まれたテキストをボールドにしてみました。この部分が画面上に表示されていることが分かります。

messageの開始タグを見ると「name」や「desc」というキーワードがあります。これは「属性」と呼ばれますが、name属性にはそのテキスト固有のID、desc属性には翻訳者への説明が記載されています。翻訳時には画面が見られないことが多いため、翻訳対象テキストの意味や表示場所に関する説明（descはdescriptionのこと）が記載されているのです。また最初のmessage開始タグのdesc属性に「[CHAR-LIMIT=32]」とあります。これは文字数の上限を示しています。特にボタンやメニュー項目はあまり長いとレイアウト上問題が発生することがあるため、このように文字数を制限しているのです。

翻訳にチャレンジ

では、画面とdesc属性の説明も参考にしつつ、ボールド部分の英語を日本語に訳してみましょう。以下の空欄を埋めてみてください。

No.	英語原文	日本語訳文
【1】	Accessibility	
【2】	Text scaling	

No.	英語原文	日本語訳文
【3】	Drag the slider until you can read this comfortably. Text should look at least this big after double-tapping on a paragraph.	
【4】	Force enable zoom	
【5】	Override a website's request to prevent zooming in	

訳例と解説

以下の訳例はあくまで例です。翻訳に唯一の正解はありません。ユーザーや読者、さらにクライアントの要望によって、適した翻訳は違ってきます。

なお、スラッシュ（／）は「どちらでも可」を示しています。

【1】ユーザー補助機能／アクセシビリティー

解説

Chrome ブラウザー日本語版では「ユーザー補助機能」と訳されています。これは実際の機能内容に基づく意訳で、優れた翻訳だと言えます。UI テキストの訳は何度となくユーザーに読まれたり使われたりするため、ユーザー体験に直結します。このように実際に機能や動作を確かめて翻訳するのが理想的でしょう。

「アクセシビリティー」も言葉として広まりつつあるため、カタカナにしても問題ないでしょう。ただしこの場合、「アクセシビリティー」なのか「アクセシビリティ」なのかに注意が必要です。長音の有無は、用語集やスタイルガイドに指定があればそれに従います。また旧バージョンなどに既存訳が存在すれば、表現を統一することで表記ゆれを抑えられます。

【2】テキストのサイズ調整

解説

scalingは「サイズを調整する」という意味の動詞scaleの動名詞です。desc属性の説明を読むと分かるように、フォントのサイズに関する設定です。なおChromeブラウザー日本語版では「テキストの拡大と縮小」となっています。

【3】読みやすいサイズになるまでスライダーをドラッグしてください。段落をダブルタップすると、最低でもこのサイズになるはずです。

解説

最初の文は「スライダーをドラッグし、読みやすいサイズにしてください」と訳し下げのテクニックを使う方法もあります。

次の文はshouldの解釈が問題になるでしょう。shouldには「〜すべきだ」という意味のほかに、「〜するはず」という期待の意味もあります。ここでは「通常なら大きくなるが、ならないかもしれない」という判断が背景にあります。

【4】強制的にズームを有効化

解説

「Force enable zoom」という3つの単語の品詞が何か迷った方もいるでしょう。まずforceは使役動詞letと似た働きをしています。letは「let go」のように動詞の原形を直後に取ることがあります。それと同様に、enableという動詞の原形を直後に取っています。最後のzoomは名詞となります。つまり「ズームを有効にすることを強制する」という意味です。訳例では「強制的に」と副詞に品詞転換しています。

forceという動詞がこのような形で用いられることは一般的な辞書や文法書では解説されていませんが、IT英語にはたまに登場します。たとえば「force close the window」（ウィンドウを強制的に閉じる）です。

【5】ウェブサイト側のズームイン不可要求に優先

解説

overrideは何かしらの決定を「優先させる」という意味です。似た言葉にoverwriteがあり、こちらはファイル内などの情報を「上書きする」という意味です。overrideを「上書きする」と訳しても問題ないケースもありますが、別々の言葉であることは認識しておきましょう。

B. 表計算ソフト

続いてデスクトップ用表計算ソフトのUIを英日翻訳してみましょう。Windows版OpenOffice 4の「Calc」というアプリです。

Calcにはセル内の文字列を検索して置換できる機能があり、図7-2や7-3のようなダイアログやメッセージが表示されます。

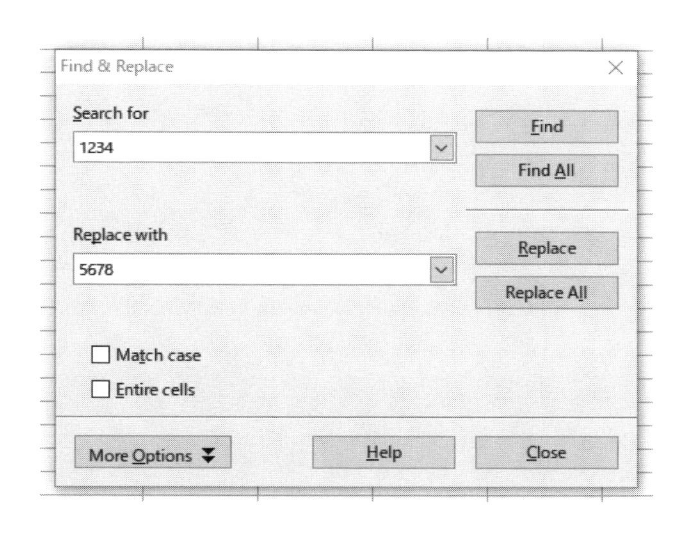

図7-2：OpenOffice 4 Calcの検索ダイアログ

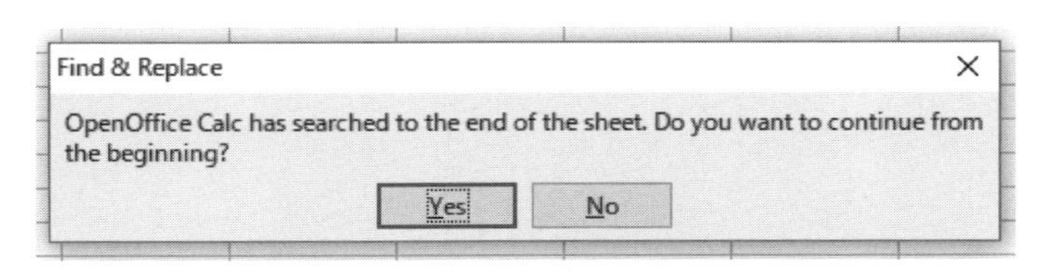

図 7-3：OpenOffice 4 Calc の検索メッセージ

翻訳にチャレンジ

それでは上の画面も参考にしながら英語を日本語に訳してみましょう。アプリのソースコードから取得した英語テキストを以下にまとめています[1]。空欄を埋めてみてください。ただし図 7-3 の「Yes」と「No」は対象外としています。

注意が必要な部分が 1 つあります。図 7-3 の「Yes」ボタンの Y という文字には下線が引かれています。これは「アクセスキー」を示しています。アクセスキーを示す方法はアプリによって異なりますが、OpenOffice のソースコードではキーとなるアルファベットの直前に「~」（波線）を付ける書き方を採用しています。つまり「~Yes」です。これを日本語に訳す場合、「はい (~Y)」のようにアクセスキーとなるアルファベット（大文字で統一）を外に出し、丸かっこに入れて末尾に付けるという対処がよく見られます。このチャレンジでも同様の形式で訳してみましょう。

No.	英語原文	日本語訳文
【1】	Find & Replace	
【2】	~Search for	
【3】	Re~place with	
【4】	~Find	
【5】	Find ~All	

1　Copyright 2012, 2013 The Apache Software Foundation. Apache ライセンス Version 2.0 に基づき変更して利用。(Based on Apache License Version 2.0, with changes to the source file.)

No.	英語原文	日本語訳文
【6】	~Replace	
【7】	Replace A~ll	
【8】	Ma~tch case	
【9】	~Entire cells	
【10】	More ~Options	
【11】	~Help	
【12】	~Close	
【13】	%PRODUCTNAME Calc has searched to the end of the document. Do you want to continue from the beginning?	

訳例と解説

では訳例を見ていきましょう。繰り返しになりますが、翻訳に唯一の正解はありません。

【1】 検索と置換

【2】 検索テキスト (~S) ／検索文字列 (~S) ／検索対象 (~S)

解説

特に英語を書く際に注意が必要になりますが、search という動詞は「search 場所 for 検索対象」という形を取ります（例：search the web for answers)。目的語には「場所」が来る点に気を付けましょう。

【3】 置換テキスト (~P) ／置換文字列 (~P)

解説

アクセスキーとなるアルファベットは、「~」という記号が直前に置かれている「p」です。そのため、p を大文字にした上で末尾に配置しましょう。アクセスキーが含まれる UI の日本語訳はこのような形式が一般的です。

【4】検索 (~F)

解説

Find も Search も日本語では「検索」という訳語が当てられます。

【5】すべて検索 (~A)

【6】置換 (~R)

【7】すべて置換 (~L)

解説

アクセスキーは「L」になる点に注意してください。

【8】大文字と小文字を区別 (~T)

解説

case とは upper case（大文字）と lower case（小文字）のことです。大文字であるか小文字であるかもマッチ（一致）させて検索することから「大文字と小文字を区別」という訳がよく用いられます。

ちなみに case とは箱またはケースのことで、昔、活版印刷をしていた頃に棚の上方（upper）に置かれた箱に大文字の活字、下方（lower）に置かれた箱に小文字の活字を入れていたため、そう呼ばれるようになりました。

【9】すべてのセル (~E) ／セル全体 (~E)

【10】詳細オプションを表示 (~O) ／別のオプション (~O)

解説

クリックすると隠れているオプションが表示されます。英語だと「More」で表示項目を展開し「Fewer」や「Less」で折りたたむという関係になります。このFewerやLessは和訳がしにくく、「折りたたむ」、「簡易表示」、「詳細を非表示」といった表現がよく用いられます。

【11】ヘルプ (~H)

【12】閉じる (~C)

【13】%PRODUCTNAME Calc で文書の末尾まで検索しました。冒頭から検索を続けますか？

解説

「%PRODUCTNAME」の部分には、プログラムが自動で文字列を挿入します。つまりプレースホルダーです。そのため日本語に置き換える必要はありません。図7-3を見ると分かるように「OpenOffice」が入ります。

「Do you want to ～？」はメッセージで頻出する表現です。want なので「～したいですか？」という訳文がすぐに思い浮かびますが、アプリの場合「～しますか？」と訳すケースがほとんどです。

なお document は「ドキュメント」、end は「最後」や「終わり」、beginning は「最初」や「始め」といった訳語でも可です。

C. ゲーム

次にゲームを英日翻訳してみます。Android向けの「2048」というアプリです。プレイヤーは2や4といった数字のタイルをスワイプ操作で移動させます。移動させた結果、同じ数字（2なら2）のタイルどうしは融合し、合計の数字のタイルになります（2と2なら4)。これを繰り返して2048というタイルを完成できたらクリアです。図 7-4 が画面です。

図 7-4：Android アプリ「2048」の画面

この画面に表示されるテキストは XML ファイルにまとめられています。ソースのファイルの一部を以下に示します。string タグに囲まれた文字列が画面に表示されるので、その部分を訳すことになります。

```
<?xml version="1.0" encoding="utf-8"?>
<resources>
    <string name="high_score">HIGH SCORE</string>
    <string name="score">SCORE</string>
    <string name="instructions">Swipe to move. 2 + 2 = 4. Reach 2048.</string>
    <string name="you_win">You Win!</string>
    <string name="game_over">Game Over!</string>
    <string name="go_on">Tap to Continue</string>
    <string name="endless">"Endless" Mode</string>
```

```
    <!-- Confirmation dialog-->
    <string name="reset">Reset</string>
    <string name="continue_game">Cancel</string>
    <string name="reset_dialog_title">Reset game?</string>
    <string name="reset_dialog_message">Are you sure you wish to reset the game?</string>
</resources>
```

翻訳にチャレンジ

では、画面も参考にしながら英語を日本語に訳してみましょう。ゲームの雰囲気が出るような訳文にしてみてください。

No.	英語原文	日本語訳文
【1】	HIGH SCORE	
【2】	SCORE	
【3】	Swipe to move. 2 + 2 = 4. Reach 2048.	
【4】	You Win!	
【5】	Game Over!	
【6】	Tap to Continue	
【7】	"Endless" Mode	
【8】	Reset	
【9】	Cancel	
【10】	Reset game?	
【11】	Are you sure you wish to reset the game?	

訳例と解説

それでは訳例を確認しましょう。

【1】ハイスコア／最高点

【2】スコア／点数

【3】スワイプで移動。2と2で4。2048を目指せ。

解説

「Swipe to move.」の部分では「訳し下げ」のテクニックを使っています。目的を示すto不定詞は通常「移動するにはスワイプ」と訳し上げますが、やや長くなってしまいます。画面を見ると表示スペースが限られているので、ここでは訳し下げて文を短くしています。もちろん訳し上げても問題ありません。

【4】勝ち！／おめでとう！／クリア！

解説

原文に忠実なら「勝ち！」といった訳語になりますが、ゲームなので思い切って「おめでとう！」や「クリア！」といった意訳を採用する方法もあります。

【5】ゲームオーバー！

【6】タップで続行／続けるにはタップ

解説

訳し上げも訳し下げも可能な原文です。画面のどこに表示されるテキストなのかを想像し、スペースに入り切らなそうであれば、訳し下げて短くします。ただし「目的」のニュアンスを強く出したければ、訳し上げても構いません。

【7】エンドレス・モード／永久モード／続行モード

解説

2048を達成してクリアしたあとでもゲームを続ける状態を指します。「エンドレスモード」のように中黒がなくても可です。

【8】リセット

解説

XMLファイルを見ると、直前に「<!-- Confirmation dialog-->」というコメントがあります。この「リセット」以下は確認ダイアログであるというプログラマーからの補足です。

【9】キャンセル

【10】ゲームをリセットしますか？

【11】リセットしてよろしいですか？

解説

「Are you sure ～？」という確認メッセージはUIの翻訳で頻出します。通常は「～してよろしいですか？」程度の訳語で問題ありませんが、重大な結果をもたらし得る場合は「本当に～してよろしいですか？」と強調表現（「本当に」）を入れることもあります。

7-2. ヘルプ／マニュアル

A. 統合開発環境

ここからはテキストが主体のヘルプやマニュアルを英日翻訳してみましょう。まずはAndroidアプリ開発に用いられるAndroid Studioという開発環境ソフトウェアのユーザー・ガイドです。

Android Studioには「Translations Editor」という機能があります。これを使うとアプリの多言語化ができるようになります。以下のテキスト[2]はこのTranslations Editorの使い方を説明したウェブ・ページ[3]の一部です。

Localize the UI with Translations Editor

Use the Translations Editor when you have an app that supports multiple languages. Translations Editor provides a consolidated and editable view of all of your default and translated app text (string resources) so that you can view, manage, and localize all of your string resources in one place.

＜中略＞

Open the Translations Editor

You can access the Translations Editor from the following places in Android Studio.

Open from the Android view

1. In the **Project** > **Android** panel on the left, select ***ModuleName*** **> res > values**.

2　Copyright 2018 The Android Open Source Project. Apacheライセンス Version 2.0に基づき変更して利用。(Based on Apache License Version 2.0, with changes to the source file.)

3　ページのURL：https://developer.android.com/studio/write/translations-editor.html

2. Right-click the **strings.xml** file, and select **Open Translations Editor**.

The Translations Editor displays the key and value pairs from the strings.xml file.

Note: When you have translated strings.xml files, your project has multiple corresponding **values** folders with suffixes that indicate the language, such as **values-es** for Spanish. Your default strings.xml file is always in the **values** (no suffix) folder.

翻訳にチャレンジ

それでは英日翻訳にチャレンジしましょう。上記の文章全体が対象です。

今回、アプリ自体は「翻訳されない」という条件を想定します。つまりボタン名などのUIは英語のままです。また、以下のスタイルで訳してみてください。

- 本文は敬体（ですます調）
- タイトルや見出しは常体（である調）
- UIはカギかっこで囲む（例：「Save」）
- 全角文字と半角文字の間にスペースは入れない
- かっこも含め記号は全角、英数字とピリオドは半角
- カタカナ複合語は中黒（・）でつなぐ（例：モバイル・アプリ）

No.	英語原文	日本語訳文
【1】	Localize the UI with Translations Editor	
【2】	Use the Translations Editor when you have an app that supports multiple languages.	

No.	英語原文	日本語訳文
【3】	Translations Editor provides a consolidated and editable view of all of your default and translated app text (string resources) so that you can view, manage, and localize all of your string resources in one place.	
【4】	Open the Translations Editor	
【5】	You can access the Translations Editor from the following places in Android Studio.	
【6】	Open from the Android view	
【7】	1. In the Project > Android panel on the left, select ModuleName > res > values.	
【8】	2. Right-click the strings.xml file, and select Open Translations Editor.	
【9】	The Translations Editor displays the key and value pairs from the strings.xml file.	
【10】	Note: When you have translated strings.xml files, your project has multiple corresponding values folders with suffixes that indicate the language, such as values-es for Spanish.	
【11】	Your default strings.xml file is always in the values (no suffix) folder.	

訳例と解説

訳例を確認しましょう。

【1】Translations Editor で UI をローカライズする

解説

ページのタイトル部分です。タイトルなのでスタイル指定に従って常体（である調）にします。

一般的に、タイトルや見出しは文体を統一する必要があります。そうしないと目次を作ったときに文体がバラバラになって見栄えが悪くなる恐れがあります。もし体言止めで統一する場合は「Translations Editor を使った UI のローカライズ」といった翻訳も可能です。

なお「Translations Editor」は固有名詞であると考え（各単語の先頭が大文字）、訳さずにそのまま用いています。

【2】多言語に対応するアプリでは、Translations Editor を使います。

【3】Translations Editor には一体的で編集可能なビューがあり、そこにデフォルトと翻訳後のアプリのテキスト（文字列リソース）全部が入っています。そのため、1 か所で全文字列リソースを表示、管理、およびローカライズできます。

解説

provide という単語は辞書に「提供する」という訳が載っていますが、さまざまに翻訳できる言葉です。IT では、機能などを「備える」や「ある」とすると落ち着いた日本語になることが多いです。

「a consolidated ～ app text (string resources)」の部分は view を中心とした名詞句です。そのまま日本語に訳すと「デフォルトと翻訳後のアプリのテキスト（文字列リソース）全部の一体的で編集可能なビュー」と、「ビュー」を修飾する語句が前に来て長くなり、意味がよく分からなくなってしまいます。そこで訳例では「ビューがあり、」といったん切った上で「そこにデフォルトと～」と説明を加える形にしてあります。日本語には修飾部分が前に置かれるという特徴があるため、頭でっかちになりがちです。そのため「いったん切ってつなげる」というテクニックも有効です。

「so that ～」は目的（～するために）を示す場合と、結果（そのため～）を示す場合とがあります。今回は後者と解釈して訳しています。また1文の原文を「分割」し、日本語では2文で訳しています。

【4】Translations Editor を開く

解説

見出しなので常体とします。

【5】Android Studio で、以下に示す場所から Translations Editor を使用できます。

解説

「following」という言葉は、すぐ下にリストや手順を示す際によく用いられます。「以下の（に）」や「次の（に）」という訳語が使われますが、頻出するのでどちらにするかスタイルガイドで指定されることもあります。

【6】Android ビューから開く

【7】1. 左の「Project」＞「Android」パネルで、「モジュール名」＞「res」＞「values」と選択します。

解説

スタイル指定にあるように、UI 部分はカギかっこで囲みます。また UI は英語のままなので、ユーザー・ガイドでも英語で残しておきます。悩ましいのは「ModuleName」の部分でしょうか。ここはアプリ開発者が自分で付けた名前を示しているので、日本語に訳すという対応が適切でしょう。原文のウェブ・ページを見るとここだけボールドとイタリックが適用されており、通常のUIではないという印になっています。ちなみに「res」と「values」はシステム側で自動生成するフォルダーの名前です。

メニューやボタンを連続的に選択する場合に「>」という記号がよく使われます。日本語でもこのまま使っても問題ありません。ただし記号は全角にするというスタイル指定があるので、全角の「＞」を使いましょう。

またヘルプやマニュアルの手順では、英語の原文で命令形が用いられていても、「〜してください」ではなく「〜します」という日本語訳が一般的です。

【8】2.「strings.xml」ファイルを右クリックし、「Open Translations Editor」を選択します。

【9】Translations Editorには、strings.xmlファイルにある、キーと値のペアが表示されます。

解説

原文ではTranslations Editorが主語になっています（無生物主語）。日本語では無生物主語は可能なら避けたほうがよいでしょう。訳例では、無生物主語の部分を「〜には」としています。5-4のAの「b. 話題や場所を示す形にする」テクニックです。

細かい部分ですが、「Translations Editorには」の「r」と「に」の間、「strings.xmlファイル」の「l」と「フ」の間にはスペースが入っていない点にも注意してください。今回は「全角文字と半角文字の間にスペースを入れない」というスタイルを採用しているからです。IT分野ではこのスペースの有無に神経を使うケースが多いです。

また、訳例では「strings.xmlファイルにある、キーと値のペア」と間に読点が入っています。これは係り受けを明確にするためです。読点がないと「strings.xmlファイルにあるキー」と「値」と誤読を招く可能性があります。読点をうまく使って係り受けを明確にし、読者の誤解を招かないようにしましょう。

【10】注：strings.xmlファイルの翻訳が完了すると、対応するvaluesフォル

ダーがプロジェクト内に複数表示され、そのフォルダーには言語を示す接尾辞（たとえばスペイン語なら values-es）が付けられています。

解説

悩ましいのは「multiple corresponding values folders with suffixes that indicate the language」という長い名詞句の扱いでしょうか。前述のように、日本語は名詞の前に修飾語を置くので、後ろに修飾語をどんどんつなげられる英語から翻訳するとき、修飾部分で悩むケースが多くなります。訳例ではいったん切ってつなげる方法を採用しています。つまり folders までを訳していったん切り、with suffixes 以下をその後ろにつなげています。もちろんこれが唯一の正解ではありません。

【11】デフォルトの strings.xml ファイルは、常に values（接尾辞なし）フォルダーにあります。

B. 表計算ソフト

UI のセクション（7-1 の「B. 表計算ソフト」）で登場したデスクトップ用表計算ソフト「Calc」のヘルプを翻訳してみましょう。UI では検索と置換についてのダイアログやメッセージを対象にしました。今回もその機能に関するヘルプです。Windows 版のヘルプ画面を開くと図 7-5 のように表示されます。

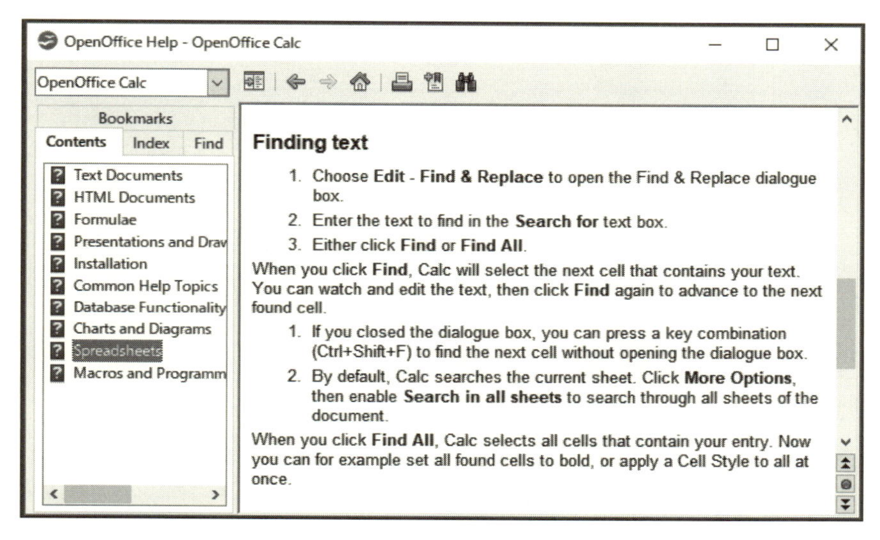

図 7-5：OpenOffice 4 Calc の検索と置換に関するヘルプ

翻訳にチャレンジ

このヘルプの文章を英日翻訳します。UI の文言（図 7-5 のボールド部分）は、7-1 の「B. 表計算ソフト」で自身で訳した言葉を使ってみてください。つまり、UI とヘルプの訳語を一致させるということです。実際に翻訳する場合、訳語が一致していないとユーザーはヘルプを読んだときに混乱してしまいます。

スタイルは先ほどと同様、以下を使います。

- 本文は敬体（ですます調）
- タイトルや見出しは常体（である調）
- UI はカギかっこで囲む（例：「Save」）
- 全角文字と半角文字の間にスペースは入れない
- かっこも含め記号は全角、英数字とピリオドは半角
- カタカナ複合語は中黒（・）でつなぐ（例：モバイル・アプリ）

以下はソースコードからそのまま取得したテキスト[4]なので、タグなどが含まれています。それらの意味も考えつつ、訳中に配置して翻訳してください。

No.	英語原文	日本語訳文
【1】	Finding text	
【2】	Choose \<emph\>Edit - Find & Replace\</emph\> to open the Find & Replace dialogue box.	
【3】	Enter the text to find in the \<emph\>Search for\</emph\> text box.	
【4】	Either click \<emph\>Find\</emph\> or \<emph\>Find All\</emph\>.	
【5】	When you click \<emph\>Find\</emph\>, Calc will select the next cell that contains your text.	
【6】	You can watch and edit the text, then click \<emph\>Find\</emph\> again to advance to the next found cell.	
【7】	If you closed the dialogue box, you can press a key combination (\<switchinline select=\"sys\"\>\<caseinline select=\"MAC\"\>Command\</caseinline\>\<defaultinline\>Ctrl\</defaultinline\>\</switchinline\>+Shift+F) to find the next cell without opening the dialogue box.	

4 Copyright 2012, 2013 The Apache Software Foundation. Apache ライセンス Version 2.0 に基づき変更して利用。(Based on Apache License Version 2.0, with changes to the source file.)

No.	英語原文	日本語訳文
【8】	By default, Calc searches the current sheet.	
【9】	Click \<emph\>More Options\</emph\>, then enable \<emph\>Search in all sheets\</emph\> to search through all sheets of the document.	
【10】	When you click \<emph\>Find All\</emph\>, Calc selects all cells that contain your entry.	
【11】	Now you can for example set all found cells to bold, or apply a Cell Style to all at once.	

訳例と解説

それでは、訳例を確認しましょう。

【1】テキストを検索する

解説

見出しなのでスタイル指定に従って常体とします。

【2】\<emph\>「編集」—「検索と置換」\</emph\>を選択し、「検索と置換」ダイアログ・ボックスを開きます。

解説

UIの文言はカギかっこで囲みます。連続選択を示すダッシュ（—）は記号なので、スタイル指定に従って全角にしましょう。また、UIの訳語は7-1の「B. 表計算ソフト」で自身で訳したものと一致していれば、訳例のとおりでなくても問題ありません。

「\<emph\>」というタグが原文にあるため、これも訳文で該当する場所に配置します。emph という名前から想像すると、文字が強調表示されるのだと想像できます。実際に図 7-5 を見るとボールドになっています。また、山かっこ（< と >）の直前にバックスラッシュが置かれていますが、これは山かっこをエスケープする印だと考えられます。原文のとおりに、バックスラッシュを削除することなく配置しましょう。

「dialogue box」は「ダイアログボックス」ではなく「ダイアログ・ボックス」としましょう。スタイルでカタカナ複合語は中黒でつなぐと指定されているからです。実際の翻訳プロジェクトでは、このようなスタイル指定があることが普通です。

【3】 検索するテキストを \<emph\>「検索テキスト」\</emph\> のテキスト・ボックスに入力します。

解説

繰り返しになりますが、「検索テキスト」部分は以前 UI で訳したものと一致させるようにします。また「\<emph\> 」タグはカギかっこの外側に付いています。今回は外側に付けていますが、内側に付いていても構いません。ただしどちらかに統一しましょう。

【4】 \<emph\>「検索」\</emph\> または \<emph\>「すべて検索」\</emph\> をクリックします。

【5】 \<emph\>「検索」\</emph\> をクリックすると、検索テキストが含まれる後続のセルが Calc 上で選択されます。

解説

Calc という無生物が主語になっています。ここでは場所を示す「～で」を使っています。

IT では「your text」のように your が頻繁に登場します。6-4 の「D. you や

yourは内容を考えて訳す」で説明しました。yourは訳出しなくても問題ないことが多いですが、訳語を当てたい場合は「この」、「お使いの」、「ユーザーの」といった表現が適しているケースがあります。ここでは内容を説明して「検索テキスト」としてあります。

【6】テキストは確認して編集できます。続けて\<emph\>「検索」\</emph\>を再度クリックすると、次に見つかったセルに移動します。

解説

原文は1文ですが、訳例では2つに切っています。必ずしも原文の数と一致させる必要はありません。また2つめの訳文では、原文の流れのとおりに訳す訳し下げのテクニックを使っています。

【7】ダイアログ・ボックスを閉じた場合、キーを組み合わせて押す(\<switchinline select=\"sys\"\>\<caseinline select=\"MAC\"\>Command\</caseinline\>\<defaultinline\>Ctrl\</defaultinline\>\</switchinline\> + Shift + F)ことで、そのダイアログ・ボックスを開くことなく後続のセルを検索できます。

解説

「\<switchinline select=\"sys\"\>」で始まる部分があります。すぐあとに続くcaseinlineタグの属性を読んでみると「MAC」と書かれています。ここはユーザーが使っているシステム（OS）がMacのときに表示され、それ以外のシステム（Windowsなど）では直後にあるデフォルトのdefaultinlineタグのテキストが表示されると想像できます。つまり、Macを使っているユーザーには「Command + Shift + F」、それ以外のユーザーには「Ctrl + Shift + F」と表示されます。

【8】Calcではデフォルトで現在のシートを検索します。

解説

Calcという無生物主語の部分には「～では」で対応しています。「デフォルトで現在のシートが検索されます」と主語を明示せず、受動態にするという訳文でも構いません。

【9】この文書の全シートを検索するには、\<emph\>「詳細オプションを表示」\</emph\> をクリックし、続いて \<emph\>「すべてのシートを検索」\</emph\> を有効にします。

解説

訳例では「検索するには～」と目的の意味を明確にして訳し上げています。直前の文で「デフォルトで現在のシート」という話題が出ており、それに続くこの文では「では全シートの場合どうするか？」と説明することになります。訳し下げた場合、目的の意味が明確になりません。文のつながりや意味を見ながら訳し上げるのか下げるのか判断しましょう。

なお「Search in all sheets」は UI のセクションで翻訳しなかったため、適切な日本語訳であれば何でも構いません。

【10】\<emph\>「すべて検索」\</emph\> をクリックすると、ユーザーの入力内容が含まれている全セルが選択されます。

解説

無生物主語 Calc は訳出せず、受動態で翻訳しています。また your は「ユーザーの」という訳語を当てています。前述のようにアプリ翻訳で your は頻出します。「あなたの」だと違和感を覚えることが多いため、「この」、「お使いの」、「ユーザーの」といった訳語の選択肢を習得しておきましょう。ただし訳出しなくても意味が通れば、無理に訳出する必要はありません。

【11】こうすると、たとえば、検索したすべてのセルを太字にしたり、全部に一括で「セルのスタイル」を適用したりできます。

解説

「Cell Style」は大文字のため、Calc のメニュー名やボタン名、あるいは機能名だと想像できます。そのため用語集や実際のアプリがあれば、そこで訳語を確認しましょう。もしなければ、自分で仮に訳語を付けた上で、翻訳依頼者にコメントを送って確認を取るような対応が必要です。ヘルプでメニュー名などが出てきた場合はUIと一致させておかないと、ユーザーは混乱します。

C. ウェブ・サーバー

最後にApacheというウェブ・サーバーのマニュアル[5]を英日翻訳してみます。

Apacheを起動すると、ウェブ・ブラウザーから接続を待つ状態になります。しかし起動中にエラーが発生することがあります。以下はこのエラーへの対処方法を説明した部分のテキスト[6]です。

Errors During Start-up

If Apache suffers a fatal problem during startup, it will write a message describing the problem either to the console or to the ErrorLog before exiting. One of the most common error messages is "Unable to bind to Port ...". This message is usually caused by either:

- Trying to start the server on a privileged port when not logged in as the root user; or
- Trying to start the server when there is another instance of Apache or some other web server already bound to the same Port.

For further trouble-shooting instructions, consult the Apache FAQ.

翻訳にチャレンジ

では、上記の文章全体を翻訳してみましょう。今回アプリ自体は翻訳されていないと想定します。たとえばエラー・メッセージは英語のままとなります。また

5 原文のURL：https://httpd.apache.org/docs/2.4/en/invoking.html

6 Copyright 2018 The Apache Software Foundation. Apacheライセンス Version 2.0に基づき変更して利用。(Based on Apache License Version 2.0, with changes to the source file by the author.)

これまでと同様、以下のスタイルで翻訳します。

- 本文は敬体（ですます調）
- タイトルや見出しは常体（である調）
- UI はカギかっこで囲む（例：「Save」）
- 全角文字と半角文字の間にスペースは入れない
- かっこも含め記号は全角、英数字とピリオドは半角
- カタカナ複合語は中黒（・）でつなぐ（例：モバイル・アプリ）

No.	英語原文	日本語訳文
【1】	Errors During Start-up	
【2】	If Apache suffers a fatal problem during startup, it will write a message describing the problem either to the console or to the ErrorLog before exiting.	
【3】	One of the most common error messages is "Unable to bind to Port ...".	
【4】	This message is usually caused by either:	
【5】	・Trying to start the server on a privileged port when not logged in as the root user; or	
【6】	・Trying to start the server when there is another instance of Apache or some other web server already bound to the same Port.	
【7】	For further trouble-shooting instructions, consult the Apache FAQ.	

訳例と解説

訳例と解説を確認します。

【1】起動中のエラー

【2】起動中に Apache で致命的な問題が発生した場合、終了する前に、その問題を説明するメッセージがコンソールまたは ErrorLog に出力されます。

解説

原文で「Apache」は無生物主語になっています。これを訳例では「～で」としてあります。無生物主語をどう処理するかは、和訳の腕が試される部分です。

suffer や write は基本的な英単語だけに、ユーザーが自然に読める翻訳にしたいところです。suffer は「苦しむ」ではなく「(問題が) 発生する」、write は「書く」ではなく、コンソールにも表示されるので「出力する」としてあります。

【3】よく見かけるエラー・メッセージは「Unable to bind to Port ...」です。

解説

「One of the most common error messages ～」は「最も一般的なエラー・メッセージの 1 つは～」としても可です。ただ、この言い回しは日本語にあまり馴染みません。翻訳は高校までの英文和訳とは違い、単語を置き換える作業ではありません。原文の意図を理解し、それを日本語として新たに書き起こす作業です。もちろん原文の意図が捉えられていれば、訳例のとおりでなくても問題ありません。

【4】通常、このメッセージは、以下のいずれかが原因で発生します：

解説

コロンは記号なので全角にしています。コロンは後ろに項目を列挙するときに使用されます。しかし日本語ではあまり馴染みがないため、スタイルガイドによっては「使わない」としていることもあります。その場合は「〜発生します。」と句点を使います。

【5】・root ユーザーでログインしていないのに、特権ポートでサーバーを起動しようとした。または

解説

文末にセミコロン（;）が付いています。セミコロンはコロンと比べても日本語で用いられることはまれです。訳例では代わりに句点を使っています。

また「privileged port」とは 1023 までのポート番号を指し、通常ユーザーはそのポート番号でサーバーを実行できません。訳例にある「特権ポート」が訳語としてよく用いられています。

【6】・Apache または別のウェブ・サーバーのインスタンスがすでにバインドされていたのに、同じポートでサーバーを起動しようとした。

【7】さらにトラブルシューティング情報が必要な場合、Apache FAQ をご覧ください。

解説

further の部分は「詳細な」や「もっと」といった言葉を使っても問題ありません。IT 分野の文書では「for more information about 〜 , see…」や「for details, see 〜」といった表現が頻出します。この場合、「詳細は〜を参照してください」という日本語訳を使うことが多くなっています。

7-3. その他

A. アプリ紹介

ここではアプリの紹介文を翻訳してみましょう。ヘルプやマニュアルと少し違い、潜在ユーザーが興味を持つような文体で訳す必要があります。

取り上げるのは「Google I/O」の Android アプリです。Google I/O とは開発者向けのカンファレンスで、このアプリを使うとカンファレンス情報を入手できます。図 7-6 は Google Play 上でアプリを紹介しているページ[7]です。

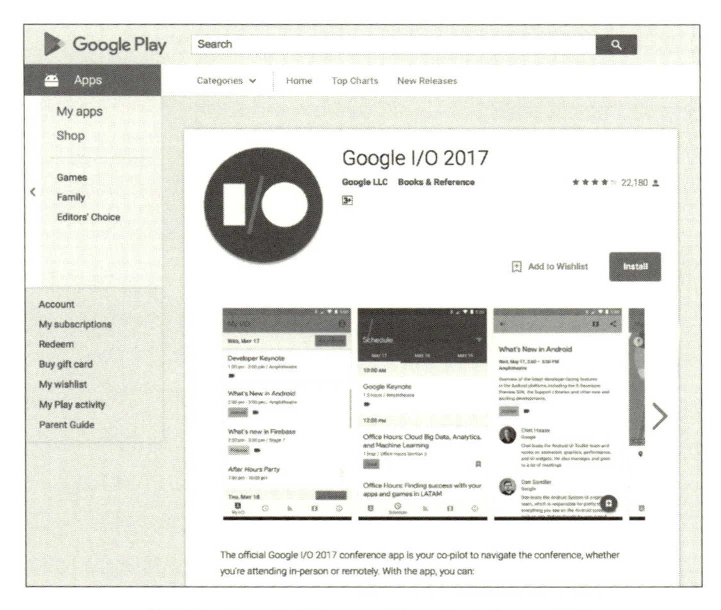

図 7-6：Google Play の「Google I/O」アプリ

7　Google Play の URL：https://play.google.com/store/apps/details?id=com.google.samples.apps.iosched

以下のテキスト[8]は、同アプリの2016年版の紹介文です。こちらを翻訳対象にしてみます。

```
The official Google I/O 2016 app was built to be your co-pilot to navigate the conference,
whether you're attending in-person or remotely.

-- Explore the conference agenda, with details on themes, topics and speakers
-- Add events to a personalized schedule
-- Get reminders before events in your schedule start
-- Watch the keynote and sessions live stream
-- Sync your schedule between all of your devices and the I/O website
-- Guide yourself using the vector-based conference map
-- Follow public social I/O related conversations
-- See I/O content from previous years in the Videos

*Exclusive for In person attendees:*
-- Take advantage of facilitated pre-event WiFi configuration

This app is optimized for phones and tablets of all shapes and sizes.
Source code for the app will be available soon after I/O.
```

翻訳にチャレンジ

それでは翻訳にチャレンジします。ユーザーの興味を引くような文体で和訳してみましょう。唯一の正解はないので、思い切って工夫してみてください。スタイルはこれまでと同じで、以下を使います。ただし見出しのハイフン2つ（--）は全角1つ（－）としてください。

8 Copyright 2015 Google Inc. Apache ライセンス Version 2.0 に基づき変更して利用。(Based on Apache License Version 2.0, with changes to the source file by the author.)

- 本文は敬体（ですます調）
- タイトルや見出しは常体（である調）
- UIはカギかっこで囲む（例：「Save」）
- 全角文字と半角文字の間にスペースは入れない
- かっこも含め記号は全角、英数字とピリオドは半角
- カタカナ複合語は中黒（・）でつなぐ（例：モバイル・アプリ）

No.	英語原文	日本語訳文
【1】	The official Google I/O 2016 app was built to be your co-pilot to navigate the conference, whether you're attending in-person or remotely.	
【2】	-- Explore the conference agenda, with details on themes, topics and speakers	
【3】	-- Add events to a personalized schedule	
【4】	-- Get reminders before events in your schedule start	
【5】	-- Watch the keynote and sessions live stream	
【6】	-- Sync your schedule between all of your devices and the I/O website	
【7】	-- Guide yourself using the vector-based conference map	
【8】	-- Follow public social I/O related conversations	
【9】	-- See I/O content from previous years in the Videos	
【10】	*Exclusive for In person attendees:*	

No.	英語原文	日本語訳文
【11】	-- Take advantage of facilitated pre-event WiFi configuration	
【12】	This app is optimized for phones and tablets of all shapes and sizes.	
【13】	Source code for the app will be available soon after I/O.	

訳例と解説

それではアプリ紹介の訳例を見てみましょう。

【1】Google I/O 2016 公式アプリがあれば、会場にいてもリモートで参加しても、カンファレンスで迷子になることはありません。

解説

「your co-pilot to navigate ～」の部分は「迷子にならない」と思い切って意訳しています。これが唯一の正解ではないため、意図が伝われば別の訳文でもまったく問題ありません。

【2】–カンファレンスの演題を確認。テーマ、トピック、登壇者の詳細も

解説

訳例では with の前でいったん切り、文を 2 つにしています。原文の流れを重視しているためです。

【3】–パーソナライズしたスケジュールにイベントを追加

【4】–スケジュールに入れたイベントの開始前にリマインダーを受信

解説

原文でstartは動詞です（eventsが主語）が、訳例では「開始」と名詞にしてあります。これは品詞転換テクニックの一例です。

【5】–基調講演とセッションをライブ・ストリーミングで視聴

【6】–自分の全デバイスとI/Oウェブサイトとの間でスケジュールを同期

解説

IT分野で頻出する「your」は「自分の」としています。「使用している」といった訳語でもよいでしょう。

【7】–ベクター画像のカンファレンス地図で道に迷わない

解説

分かりにくいのは「vector-based」でしょうか。画像にはラスター形式（点で表現）とベクター形式（線で表現）があります。つまり輪郭線で作られた地図を指しています。

【8】–ソーシャル・メディアで公開されているI/O関連の投稿をフォロー

【9】–前年までのI/Oのコンテンツをビデオで視聴

解説

ここまで箇条書きにされた各項目の末尾の表現に注目してください。「～を確認」や「～で視聴」のように動詞で終わっています。箇条書きはこのように揃えることで、読みやすくなります。

【10】※ 会場参加者のみ：

解説

ボールドやイタリックが使えない場合、英語ではアスタリスクで挟んで強調することがあります。しかし日本語では馴染みがないため、訳例のように米印で代替したり、隅付きかっこ（【 】）で囲ったり、単純にアスタリスクを削除したりといった方法が考えられます。想定読者に受け入れられそうな対処をした上で、翻訳依頼者がいる場合はコメントで申し送るという対応が望ましいでしょう。

【11】–イベント開始前に WiFi を簡単に設定して活用

解説

通常、WiFi は現場でアクセスポイントを選択して設定するという流れを経ます。しかしこのアプリには、現場に到着する前に WiFi を簡単に設定できるという機能が付いているということです。

訳例では「facilitated pre-event WiFi configuration」という長い名詞について、品詞転換のテクニックで訳しています。facilitated という形容詞を「簡単に」という副詞、pre-event という形容詞を「イベント開始前に」という副詞に転換しています。

【12】本アプリはあらゆる形やサイズのスマホとタブレットに最適化されています。

【13】アプリのソースコードは I/O 終了後すぐに入手可能になります。

第8章

日英翻訳の実践

本章では日英翻訳を実践します。課題数は英日よりも少なくなっています。前章と同様、例題では実際に広く利用されているオープンソースのアプリやウェブサイトからテキストを取得しています。ドキュメントはUIとヘルプ／マニュアルという2種類を取り上げています。同じく、画面で文脈も確認しながら翻訳を進めます。

日本語が母語の場合、英語への翻訳には苦手意識があるかもしれません。しかし現在はさまざまなツールがあり、英文ライティングの助けになります。たとえば「3-4. 検索エンジンの使い方」で説明したようなテクニックも使いながら日英翻訳にチャレンジしてみましょう。

8-1. UI（ラベルとメッセージ）

A. 連絡先アプリ

Androidの「連絡先」(Contacts) アプリを日英翻訳してみましょう。もともとは英語のアプリですが、日本語テキストから英訳をしてみます。

以下は連絡先アプリのソースコード[1]から一部を抜粋し、若干の修正を加えたものです。XML形式になっています。

1 Copyright 2006 The Android Open Source Project. Apacheライセンス Version 2.0に基づき変更して利用。(Based on Apache License Version 2.0, with changes to the source file.)

```
<string name="shortcut_add_contact"> 連絡先を追加 </string>
<string name="contacts_deleted_one_named_toast"><xliff:g id="name">%1$s</xliff:g>
    さんを削除しました </string>
<plurals name="contacts_count" formatted="false">
   <item quantity="other"><xliff:g id="count">%d</xliff:g> 件の連絡先 </item>
   <item quantity="one"><xliff:g id="count">%d</xliff:g> 件の連絡先 </item>
</plurals>
<string name="deleteConfirmation_positive_button"> 削除 </string>
<string name="single_delete_confirmation"> この連絡先を削除しますか？ </string>
<string name="groupCreateFailedToast"> ラベルを作成できません </string>
```

翻訳対象となる部分はボールドにしてあります。ほとんどがstringというタグに囲まれたテキストを翻訳することになりますが、注意したいのは「plurals」というタグ（ボールドで表示）に囲まれた部分です。これは6-3の「C. 条件選択」で紹介した、名詞の複数形によって表示するテキストが変わる部分です。plurals の下にitemというタグがあり、そのquantity属性が「other」と「one」になっています（イタリック部分）。英語の場合、oneには単数形、otherにはそれ以外（つまり複数形）が対応しています。それぞれに入る複数形を考えながら翻訳しましょう。

また「xliff:g」というタグで「%1$s」や「%d」という文字が囲まれています。これはプレースホルダーです。何らかの情報（テキストや数字）がプログラムからここに送られ、表示されます。どういった情報が入るかは、id属性を見るとヒントになるでしょう。

翻訳にチャレンジ

複数形やプレースホルダーに注意しつつ、日本語から英語に訳してみましょう。

No.	日本語原文	英語訳文
【1】	連絡先を追加	

No.	日本語原文	英語訳文
【2】	<xliff:g id="name">%1$s</xliff:g> さんを削除しました	
【3】	<xliff:g id="count">%d</xliff:g> 件の連絡先 (※ quantity 属性は other)	
【4】	<xliff:g id="count">%d</xliff:g> 件の連絡先 (※ quantity 属性は one)	
【5】	削除	
【6】	この連絡先を削除しますか？	
【7】	ラベルを作成できません	

訳例と解説

では訳例を見てみましょう。繰り返しになりますが、翻訳に唯一の正解はありません。訳例と同じでなければ間違い、ということはありません。

【1】Add contact ／ Add a contact

解説

連絡先は英語で contact になります。contact は可算名詞なので、1 件追加するなら「a contact」とするのが文法的には正しいと言えます。しかし UI では表示スペースが限られており、簡潔さが求められます。ユーザーの誤解を招かないのであれば、6-4 の「B. 省略して短くする」で見たように、省略可能な言葉（a や the という冠詞など）は省略しても構いません。

【2】Deleted <xliff:g id="name">%1$s</xliff:g>
／ <xliff:g id="name">%1$s</xliff:g> is deleted

解説

「%1$s」というプレースホルダーには人の名前が入ると想像できます。日本語では「さん」が付けられていますが、この場面の英語では敬称は不要です。仮に敬称を付けようとしても男性なら「Mr.」、女性なら「Ms.」などと場合分けが必要になってしまいます。

また、最初の訳例では短くするために主語を省略しています。主語を付けて完全な文にしても構いません。その場合「The app has deleted ～」などとなります。また２つめの訳例では is を削除しても問題ありません。文脈にもよりますが、受動態の be 動詞は省略可能な言葉です。

【3】 <xliff:g id="count">%d</xliff:g> contacts

【解説】

item 要素の quantity 属性が「other」となっています。そのため複数形の「contacts」としましょう。日本語は単数でも複数でも名詞の形が変わることはないため、どちらの場合でも原文は同一です。

【4】 <xliff:g id="count">%d</xliff:g> contact

【解説】

こちらは「one」となっているため単数形を使います。

【5】 Delete

【解説】

日本語の「削除」に相当し、UI でよく使われる英単語には「delete」と「remove」があります。ではどう違うのでしょうか。微妙なニュアンスの違いを調べるには、3-1 の「B. 英英辞典」で説明したように、英英辞書が適しています。OALD を見ると、remove は「to take something/somebody away from a place」[2]と説

2　OALD の「remove」：https://www.oxfordlearnersdictionaries.com/definition/english/remove_1

明されています。人や物をある場所から取り除くということです。一方、deleteは「to remove something that has been written or printed, or that has been stored on a computer[3]」とあります。書かれたもの、印刷されたもの、あるいはコンピューターに保存されたものを消すということです。つまり、情報やデータという側面に注目するケースでは delete のほうがふさわしいと言えます。

【6】Delete this contact? ／ Do you delete this contact?

【解説】

省略して短くするなら最初の訳例になります。文法的に完全なのは２つめの訳例です。画面が小さい Android 用モバイル・アプリという点を考慮するなら、省略のある前者でよいかもしれません。また 6-1 の「A. UI」で述べたように、「〜しますか？」という確認メッセージは UI で頻出します。

【7】Cannot create label ／ Unable to create label

【解説】

直前の例と同様、省略が可能です。最初の訳例を文法的に完全な形にすると「The app cannot create a label」です。つまり主語と不定冠詞（a）が省略されています。cannot は「can't」としても問題ありません。また２つめの訳例を完全な形にすると「The app is unable to create a label」です。主語、be 動詞、不定冠詞を省略していることになります。

この文はエラー・メッセージです。6-1 の「A. UI」で触れたように、エラー・メッセージも確認メッセージと並んで UI で頻出します。

B. ワープロ・ソフト

続いて Windows 版 OpenOffice 4 の「Writer」というワープロソフトを取り上げます。こちらももともとは英語のアプリですが、日本語版から英訳をしてみ

3　OALD の「delete」：https://www.oxfordlearnersdictionaries.com/definition/english/delete

ます。

Writerを使っていると、メッセージが表示されることがあります。図8-1はスペルチェック完了時のメッセージ、図8-2は保存せずにファイルを閉じようとしたときのメッセージです。

図8-1：OpenOffice Writerのメッセージ（1）

図8-2：OpenOffice Writerのメッセージ（2）

翻訳にチャレンジ

それではこれらのメッセージに含まれる日本語を英訳してみましょう。「OK」と「キャンセル」は対象外としてあります。

ソースコードから取得したテキスト[4]をそのまま載せてあるため、記号などに注意しながら翻訳してください。日本語の場合、丸かっこを追加してそのなかの大文字アルファベットをアクセスキーにします。しかし英語ではかっこは不要です。

4 Copyright 2012, 2013 The Apache Software Foundation. Apacheライセンス Version2.0に基づく。(Based on Apache License Version 2.0, with changes to the source file by the author.)

No.	日本語原文	英語訳文
【1】	スペルチェックが完了しました。	
【2】	ドキュメント "$(DOC)" は変更されています。\n 変更を保存しますか。	
【3】	保存 (~S)	
【4】	破棄 (~D)	

訳例と解説

続いて訳例を確認していきます。

【1】Completed spell check. ／ Spell check completed.

解説

最初の訳例では、complete という動詞を能動態で使って文を組み立てています。ただし主語（The app や Writer など）と定冠詞（the spell check）は省略されています。2つめの訳例でも complete という動詞を使っていますが、受動態で文を組み立てています。ここでも定冠詞（the）と助動詞（has been または is）が省略されています。省略しないと「The spell check has been completed.」となります。

なお complete という動詞ではなく finish を使っても構いません。また spell check という名詞は、spell-check、spellcheck、spell checking と表記することもあります。

【2】The document "$(DOC)" has been changed.\nSave changes?

解説

まず注意したいのがプレースホルダーの「$(DOC)」です。ここにはユーザーが編集中のドキュメント名が入ると想像できます。また「\n」という記号は改行を示しています。改行の直後にスペースを入れる必要はありません（「\nSave」とつながる）。スペースを入れると改行後の文頭にスペースが入り、行の先頭が揃わなくなってしまいます。

「Save changes?」では主語と冠詞が省略されています。完全な文にすると「Do you save the changes?」といった形になります。

【3】~Save

解説

アクセスキーである「S」の直前に「~」という記号を付けます。日本語原文のように丸かっこに入れる必要はありません。そのため訳例のようなシンプルな形になります。

【4】~Discard

解説

直前の問題と同様、「D」の前に「~」という記号を置きます。

8-2. ヘルプ／マニュアル

A. 統合開発環境

次にヘルプやマニュアルの日英翻訳をしてみます。最初に英日でもチャレンジした Android Studio という統合開発環境（IDE）のユーザー・ガイドです。

本セクションでは、Theme Editor というツールを使ってアプリのテーマを変更する方法を解説したページ[5]の一部を翻訳してみます。テキスト[6]は以下のとおりとなりますが、翻訳の練習を想定し、元の文に一部修正を加えています。

5 ページの URL：https://developer.android.com/studio/write/theme-editor.html

6 Copyright 2018 The Android Open Source Project. Apache ライセンス Version 2.0 に基づき変更して利用。(Based on Apache License Version 2.0, with changes to the source file.)

テーマの名前を変更

テーマの名前を変更するには、次の手順に従います。

1. Theme Editor の右上隅にある「テーマ」ドロップダウン・メニューを開きます。
2. 「<テーマ名>の名前を変更」をクリックします。
3. 「名前を変更」ダイアログで、テーマの新しい名前を入力します。
4. （省略可能）変化を確認するには、「プレビュー」をクリックします。
5. 変更を適用するには、「リファクター」をクリックします。

翻訳にチャレンジ

それでは翻訳にチャレンジしてみます。以下のルールに従って英訳してみてください。

- 見出しは動詞の現在分詞（～ing）を使う
- ボタンなどの UI 名は半角の二重引用符（" "）で囲む
- 各手順の指示で please は不要
- 「名前を変更」という用語の対訳には「rename」を使う

No.	日本語原文	英語訳文
【1】	テーマの名前を変更	
【2】	テーマの名前を変更するには、次の手順に従います。	
【3】	1. Theme Editor の右上隅にある「テーマ」ドロップダウン・メニューを開きます。	
【4】	2. 「<テーマ名>の名前を変更」をクリックします。	
【5】	3. 「名前を変更」ダイアログで、テーマの新しい名前を入力します。	

No.	日本語原文	英語訳文
【6】	4.（省略可能）変化を確認するには、「プレビュー」をクリックします。	
【7】	5. 変更を適用するには、「リファクター」をクリックします。	

訳例と解説

それでは訳例を見てみましょう。

【1】Renaming a theme

解説

「見出しは動詞の現在分詞」というスタイル指定があるため訳例のようにしましょう。見出しが目次に一覧で表示されたとき、スタイルが揃っていないと見栄えが悪くなります。

【2】To rename a theme, follow the steps below. ／ To rename a theme, do the following steps.

解説

「～するには…します」という表現はマニュアルで頻繁に登場します。「To ～ , 動詞命令形」という構文が最も一般的です。

また「次の」や「以下の」を表すには副詞「below」や形容詞「following」を使います。この文のあとに箇条書きを導入するコロンを使っても構いません。最初の訳例の場合は「To rename a theme, follow the steps below:」となります。

【3】1. Open the "Theme" dropdown menu in the top right corner of Theme Editor.

解説

UI名である「Theme」は半角の二重引用符で囲みます。ちなみに今回は二重引用符というスタイルですが、実際の英語マニュアルだとボールドを使う例がよく見られます。

「右上」や「左下」といった言葉は画面上の位置を示すのに頻出します。日本語では「左右」のあとに「上下」を示します（例：右下）が、英語では逆に「上下」のあとに「左右」を示します。たとえば右上なら「top（upper）right」、左下なら「bottom（lower）left」です。

【4】2. Click "Rename <theme name>".

【5】3. In the "Rename" dialog, enter a new name for the theme.

解説

マニュアルでは、ユーザーの視線の動きに合わせて操作を書くとよいとされています。このステップの場合、ユーザーはまず「名前を変更」ダイアログを見つけて、次にそこに名前を入力するという流れになっています。そのため訳例では「Enter a new name for the theme in the "Rename" dialog.」ではなく、「In the "Rename" dialog, ～」とinで始まる前置詞句を前に出しています。

【6】4. (Optional) To check the changes, click "Preview".

解説

「省略可能」という表現は「optional」を使うことが一般的です。またcheckはseeでも構いません。

日本語の「確認」は意味が広いため、check以外にも対応し得る英単語があります。ask（尋ねる）、confirm（承認する、確定する）、identify（同一であると確認をする）、review（見直して調べる）、see（見る）、verify（正しいか調べる）などです。「確認する」という言葉を英訳する際は、ニュアンスの違いに注意して単語を選択しましょう。

なお、文末で「"Preview".」とピリオドがダブル・クォーテーションの外側に置かれていますが、アメリカ英語では「"Preview."」と内側に入れる表記が標準的です。

【7】5. To apply the changes, click "Refactor".

B. ワープロ・ソフト

UIのセクションで日英翻訳したOpenOffice 4「Writer」のヘルプを取り上げます。ヘルプを開くと、図8-3の画面が表示されます。Writerの機能を説明した部分です。あるアプリで何ができるかを説明する文章はマニュアルやヘルプで頻出します。

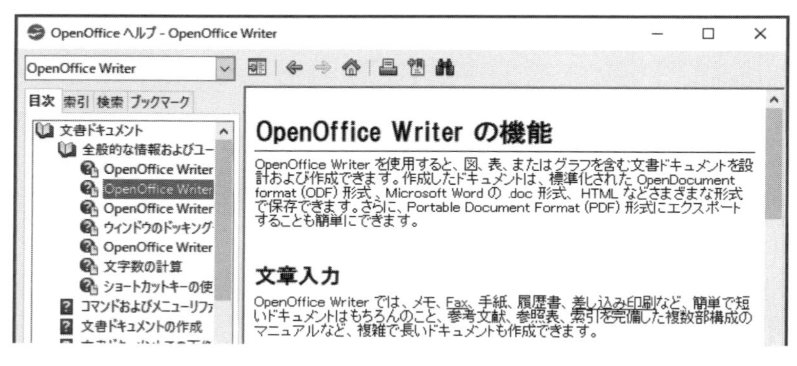

図8-3：OpenOffice Writerのヘルプ画面

翻訳にチャレンジ

では、機能説明の冒頭に登場するテキスト[7]を日英翻訳してみましょう。ソースコード上のテキストなのでプレースホルダーも入っています。使えそうな場面で無生物主語（「5-4. 無生物主語」参照）にしてみたり、ユーザーを指す「You」を主語にしたりして翻訳してみましょう。

7　Copyright 2012, 2013 The Apache Software Foundation. Apache ライセンス Version 2.0 に基づき変更して利用。(Based on Apache License Version 2.0, with changes to the source file.)

No.	日本語原文	英語訳文
【1】	$[officename] Writer を使用すると、図、表、またはグラフを含む文書ドキュメントを設計および作成できます。	
【2】	作成したドキュメントは、標準化された OpenDocument format (ODF) 形式 、Microsoft Word の .doc 形式、HTML などさまざまな形式で保存できます。	
【3】	さらに、Portable Document Format (PDF) 形式にエクスポートすることも簡単にできます。	

訳例と解説

訳例と解説を確認していきます。

【1】$[officename] Writer allows you to design and create text documents that include figures, tables, or graphs.

解説

「$[officename]」には自動的に製品名（OpenOffice）が挿入されます。

訳例では Writer という無生物を主語にした構文を使っています。allow、let、enable といった動詞を用いると、無生物主語の構文を作りやすくなります。訳例では allow を使っていますが、let や enable を使っても構いません。

また「～ figures, tables, or graphs.」と 3 つの要素が列挙されています。英語ライティングでは、3 つ以上の要素が列挙されるとき、最後の or や and の直前にカンマを入れる方法と入れない方法があります。つまり「, or」か「or」かの違いです。訳例でも入っていますが、入れる方法は「オックスフォード・カンマ」と呼ばれ、最近はこちらを推奨するスタイルガイドが増えています。ちなみに「図」は picture や graphic、「グラフ」は chart といった言葉でも可です。

【2】You can save documents that you have created in different formats, such as standardized OpenDocument format (ODF), Microsoft Word .doc, and HTML.

解説

ここでは主語を you にし、動詞 save を能動態として文を組み立てています。「Documents that you have created can be saved in different ～」と document を主語、save を受動態にすることもできます。しかしマニュアルではユーザー（you）を主語にした能動態が望ましいとされています。日本語をそのまま直訳するのではなく、英語的な発想で無生物や you を主語にして文を組み立てられないか検討する習慣を付けましょう。

【3】Also, you can easily export documents in Portable Document Format (PDF).

解説

こちらも you を使って能動態で文を組み立てています。文頭の also は、additionally や in addition といった表現でも構いません。

第9章

ローカリゼーション訓練アプリによる翻訳実習

本章では、ローカリゼーションの訓練ができるアプリを使い、グローバルなアプリがどう動作するかを確認するとともに、アプリ翻訳の実習をしてみます。実習にはテキスト・ファイルを編集できるエディター（例：Windowsのメモ帳）とウェブ・ブラウザーが必要となります。

9-1. 訓練アプリの入手

訓練アプリは「Expense Recorder」という名前で、著者のウェブサイトからダウンロードします。以下のURLから本書サポート・ページに移動してください。

http://book.nishinos.com/

訓練アプリには、多言語版、英語原文版、日本語原文版の3種類があります。以下の用途に応じてダウンロードしてください。

- グローバリゼーション済みアプリの動作を確認したい　→　多言語版
- 英日翻訳の実習をしたい　→　英語原文版
- 日英翻訳の実習をしたい　→　日本語原文版

ダウンロードしたファイルはzip形式で圧縮されているため、まず展開する必要があります。Windows 10の場合、右クリックで表示される「すべて展開」

というメニューから展開できます。すると以下のファイルが出現します。

- ExpenseRecorder.html
- language_help
- language_ui
- libs
- readme.txt

このうち「ExpenseRecorder.html」というファイルをウェブ・ブラウザーで開きます。たとえばInternet Explorer、Edge、Chrome、Firefox、Safari（10以降）です。JavaScriptをウェブ・ブラウザーでオンにしてください。

9-2. 訓練アプリの動作確認

最初に「多言語版」でこのアプリの動作を確認しましょう。

多言語版のHTMLファイルをウェブ・ブラウザーで開くと、図9-1の画面が表示されます。

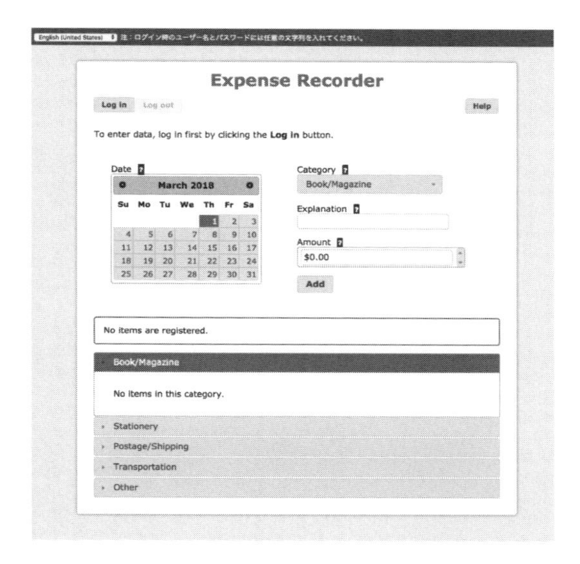

図 9-1：Expense Recorder の画面

A. 経費精算アプリとしての動作

本アプリは名前のとおり、オフィスで発生する経費を記録するウェブ・アプリという形を取っています。任意の経費を入力すると、それをさまざまなロケールの形式（例：通貨、日付）で表示できます。

デフォルトはアメリカ英語ですが、日本語のロケールに切り換えて動作を確認してみます。まず左上のロケール選択メニューで「日本語（日本）」を選択します。次にログインしてみます。「ログイン」ボタンを押し、開いたダイアログで任意のユーザー名とパスワードを入力します。実際にパスワードを照合しているわけではないので、どのような文字を入力しても大丈夫です。

ログイン後、経費を入力できるようになります。図 9-2 に示すように、経費が発生した「日付」、経費の「カテゴリー」とその「説明」、さらに「金額」を入力し、最後に「追加」ボタンをクリックします。

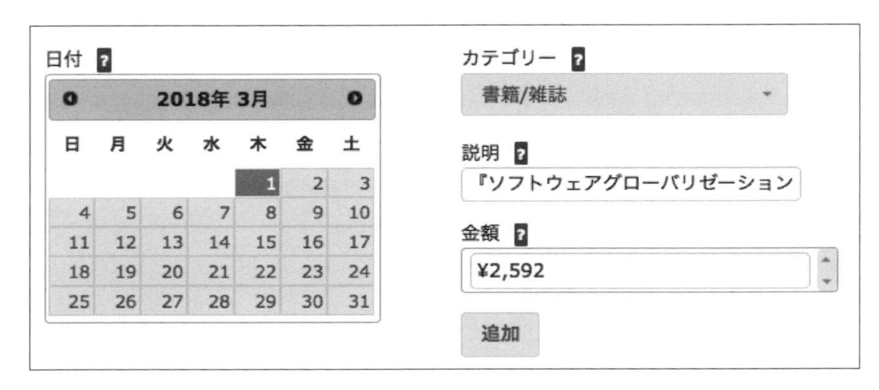

図 9-2：経費データの追加

追加後、図 9-3 のように合計の登録件数と金額が表示されます。これに加え、カテゴリーごとに登録件数、小計、全体に占める割合が表示されます。さらに経費を追加するには同じ操作を繰り返します。

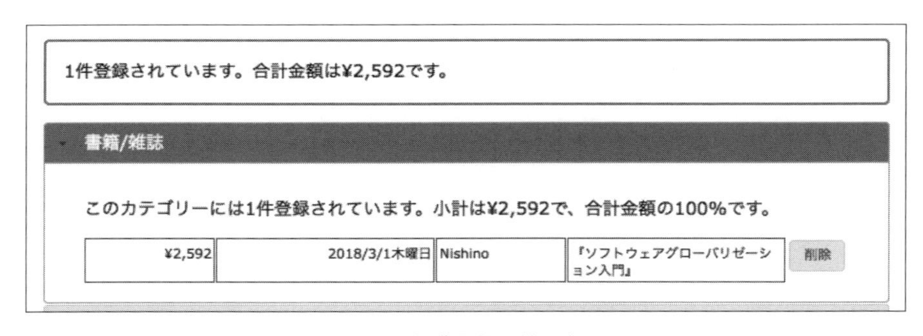

図 9-3：経費登録の結果表示

Expense Recorder はこのように動作します。入力した情報はデータベースに保存しているわけではないので、ウェブ・ブラウザーで再読み込みするとリセットされます。なお、画面右上の「ヘルプ」ボタンをクリックすると、別ウィンドウでヘルプが表示されます。

B. さまざまなロケールでの表示

次に、多言語化されたアプリがどのように表示されるのか、Expense Recorderで確認してみましょう。翻訳は英語と日本語との間でしかしないという人であっても、さまざまなロケールでの表示方法を知っておくことは望ましいと言えるでしょう。

左上のロケール選択メニューを開くと、図9-4にある項目が表示されます。言語と国の組み合わせを「ロケール」と呼びます。

図 9-4：ロケール選択メニュー

項目は表9-1の順番に並んでいます。なおアラビア語は右から左に読むため、かっこの順序がほかと逆になっています。

メニューの項目	言語と国
العربية (مصر)	アラビア語（エジプト）
Deutsch (Deutschland)	ドイツ語（ドイツ）
English (Canada)	英語（カナダ）
English (United Kingdom)	英語（イギリス）
English (United States)	英語（アメリカ）
français (Canada)	フランス語（カナダ）
français (France)	フランス語（フランス）

メニューの項目	言語と国
日本語 (日本)	日本語（日本）
한국어 (대한민국)	韓国語（韓国）
русский (Россия)	ロシア語（ロシア）
中文 (中华人民共和国)	簡体字中国語（中国）
中文 (台灣)	繁体字中国語（台湾）

表 9-1：訓練アプリのロケール選択メニューの項目

ここで、ロケールをフランスに切り換えてみます。すると、データ入力部分と結果は図 9-5 のように表示されます。メッセージが「Au total, 1 article est enregistré.」とフランス語で表示されます。

また、金額を見ると「2 592,00 €」となっています。フランスでは日本やアメリカと違って、桁区切りにはスペース、小数点にはカンマを使います。ちなみにドイツでは「2.592,00 €」と、桁区切りはピリオド、小数点はカンマです。日本やアメリカとは逆になるわけです。なお、金額は為替レートを参照してユーロに変換しているわけではないため、円で入力した数字そのままです。

図 9-5：フランス語の画面表示

続いて、メニューの一番上にあるアラビア語に切り換えてみます。図 9-6 のように表示されます。アラビア語は右から左に書く言語です。そのためメッセージが右から左に書かれています。画面レイアウト自体も右から左となり、たとえばカレンダーは右側に配置されています。

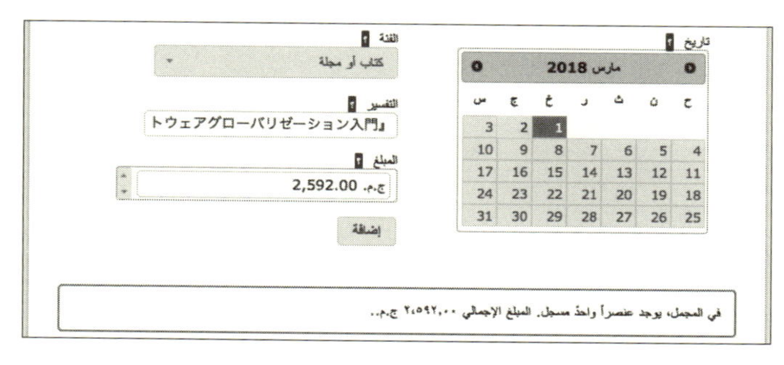

図 9-6：アラビア語の画面表示

このように、Expense Recorder を使うと、さまざまなロケールでの表示を切り換えて確認することができます。

9-3. 英日／日英翻訳の実習

実際に Expense Recorder を使って、英日または日英の翻訳をしてみましょう。前述のように英日の場合は「英語原文版」、日英の場合は「日本語原文版」をあらかじめダウンロードし、zip ファイルを展開しておいてください。

また本文内では訳例は提示しません。「多言語版」で英語と日本語を切り換えて参考にしてみてください。繰り返しますが、翻訳に唯一の正解はありません。

A. UI テキストの翻訳

「language_ui」フォルダー内には各ロケールの名前が付いたファイルが入っており、このなかのテキストを翻訳すると、UI が翻訳後の言葉で表示されます。「1-3. インターナショナリゼーションとは」で、インターナショナリゼーションでは「リソースの外部化」をすると説明しました。言い換えると、ソースコードとテキストの分離です。「language_ui」フォルダー内のファイルは、ソースコードから外部化されたテキストなのです。Expense Recorder を見ると「リソースの外部化」が実際にはどういう状態であるのか確認できます。

英日翻訳するには、「英語原文版」の「language_ui」フォルダー内にある「ja-JP_messages.js」ファイルをテキスト・エディターで開きます。拡張子 js が別のアプリに関連付けられていることがあるため、テキスト・エディターを指定して開くと確実です。Windows 10 の場合、右クリックで「プログラムから開く」からテキスト・エディターを選択します（Windows のメモ帳など）。英語原文なので、ファイルを開いてもまだ英語です。

日英翻訳するには、「日本語原文版」の「language_ui」フォルダー内で、任意の英語ロケールのファイルを上記と同様に開いてください。アメリカ・ロケールの場合は「en-US_messages.js」ファイル、イギリス・ロケールの場合は「en-GB_messages.js」ファイルです。日本語原文なので、この段階ではまだ日本語です。

a. 翻訳の手順

UI のテキストを翻訳し、それを確認するフローは次のようになります。

1. ExpenseRecorder.html ファイルをウェブ・ブラウザーで開いておく
2. js ファイルをテキスト・エディターで開く
3. 翻訳対象テキスト（次の b で説明）を英日または日英翻訳する
4. js ファイルを保存する（文字コードは UTF-8 のまま）
5. ウェブ・ブラウザーで html ファイルを再読み込み（リロード）する
6. 左上のプルダウン・メニューから翻訳後のロケールを選択する
7. 翻訳が妥当であるかを確認し、3 〜 6 を繰り返す

b. 翻訳対象テキスト

js ファイル内の各項目は「キー」と「値」のセットになっています。たとえば「"msg_button_login" : "Log in",」という項目の場合、コロンの前にある「"msg_button_login"」がキー、「"Log in"」が値です。この値の二重引用符内のテキスト（Log in）を翻訳することになります。二重引用符を削除するとエラーになるため注意してください。

c. 注意が必要な部分

翻訳時に注意が必要な部分があります。

条件選択

「1-3. インターナショナリゼーションとは」で、インターナショナリゼーションには、条件に応じて異なる訳文を選択できるようにしておく「条件選択」があるとも述べました。Expense Recorder にも実装され、翻訳対象になっています。具体的には図 9-7 に示すような形式です。

```
"msg_label_total":
        "{ITEMS, plural, " +
                "=0 {登録はありません。}" +
                "one {1件登録されています。合計金額は{TOTAL_AMOUNT_OF_MONEY}です。}" +
                "other {{TOTAL_NUM_OF_ITEMS}件登録されています。合計金額は{TOTAL_AMOUNT_OF_MONEY}です。}" +
        "}",
```

図 9-7：条件選択（複数形）の翻訳対象

英語の名詞には単数形と複数形があります。たとえば「1 item」や「5 items」などと数に応じて名詞の形が変わります。複数形の条件選択機能が実装されていると、数に合わせて表示させる訳文を変更できるということです。

図 9-7 の場合、名詞が単数の場合は「one」のあとの波かっこ（{ }）、複数の場合は「other」のあとの波かっこ内にあるテキストを翻訳します。ゼロの場合は「0」となります。なお名詞の単数と複数の区別がない日本語では、同じ訳文になっても構いません。

プレースホルダー

js ファイルの中には「ようこそ、{USER_NAME} さん。」の「{USER_NAME}」のように波かっこで囲まれた部分があります。これがプレースホルダーで、プログラムが情報を動的に挿入します。訳文の適切な場所に配置し、削除しないようにしましょう。

HTML タグ

<b> や </b> といったタグは削除せず、適切な場所に置いて翻訳します。

エスケープ

値は二重引用符（" "）で囲って識別しているため、そのなかでさらに二重引用符を使うとエラーが発生します。もし使いたい場合、直前に「\"」のようにバックスラッシュ（日本語環境によっては円マーク）を置いてエスケープします。

B. ヘルプの翻訳

「language_help」フォルダー内の html ファイルを翻訳すると、ヘルプ・ページが翻訳後の言葉で表示されます。ヘルプはアプリ画面の右上にある「ヘルプ」（Help）ボタンで開きます。

英日翻訳するには、「英語原文版」の「language_help」フォルダー内にある「ja-JP_help.html」ファイルをテキスト・エディターで開きます。ただし、ダブル・クリックすると、通常はウェブ・ブラウザーで開きます。そのためテキスト・エディターを指定して開きましょう。Windows 10 では右クリックで「プログラムから開く」からテキスト・エディターを選択します。またはテキスト・エディター上にドラッグ＆ドロップしても開けます。

日英翻訳するには、「日本語原文版」の「language_help」フォルダー内から、任意の英語ロケールの html ファイルを開きます。「en-US_help.html」や「en-GB_help.html」です。こちらもテキスト・エディターを指定して開きましょう。

a. 翻訳の手順

ヘルプを翻訳するフローは次のようになります。

1. Expense Recorder 画面の右上にある「ヘルプ」をクリックし、ヘルプ画面を開いておく
2. 翻訳対象の html ファイルをテキスト・エディターで開く
3. 翻訳対象テキスト（次の b で説明）を英日または日英翻訳する
4. html ファイルを保存する（文字コードは UTF-8 のまま）
5. ウェブ・ブラウザーでヘルプ画面を再読み込み（リロード）する
6. 翻訳が妥当であるかを確認し、3 ～ 5 を繰り返す

b. 翻訳対象テキスト

翻訳対象テキストは「タグ」で囲まれています。たとえば図 9-8 にあるような <h4>、</h4>、<b>、</b> です。こういったタグを消去しないように注意しながら、内側のテキストを翻訳しましょう。

```
<h4>手順</h4>
<ol>
        <li><p>アプリの左上にある「<b>ログイン</b>」ボタンをクリックします。
        <li><p>表示されたダイアログで「ユーザー名」と「パスワード」を入力し、
                <p class="note">注：パスワードは大文字と小文字を区別しま
        </li>
        <li><p>「<b>ログインする</b>」ボタンをクリックします。</p></li>
```

図 9-8：ヘルプの html タグ

UI やヘルプには、その文脈や状況に適した言葉づかいやスタイルがあります。画面上で訳文が適しているかどうか確認しながら翻訳してみましょう。

付録

ここではアプリ翻訳で役に立つ資料を紹介します。

日本語スタイルガイド

- **JTF 日本語標準スタイルガイド**
  一般社団法人日本翻訳連盟によるスタイルガイド。同団体のウェブサイトから無償でダウンロードできる。
  URL：http://www.jtf.jp/
- **『日本語スタイルガイド（第3版）』（一般財団法人テクニカルコミュニケーター協会、2016年）**
  一般的なスタイルやライティング技術に加え、翻訳しやすい日本語についても解説している。
- **マイクロソフト社の日本語スタイルガイド**
  同社の「ランゲージ ポータル」からダウンロード可能。ただし英語で説明。
  URL：https://www.microsoft.com/ja-jp/language/StyleGuides

英語スタイルガイド

- **Apple Style Guide**
  アップル製品向けのスタイルガイド。無償でダウンロード可能。
  URL：https://help.apple.com/applestyleguide/
- **Microsoft Writing Style Guide**
  IT分野のスタイルガイドとして重要な位置を占めてきた『Microsoft Manual of Style』の後継。ウェブ上で無料でアクセス可能。
  URL：https://docs.microsoft.com/ja-jp/style-guide/
- **Google Developer Documentation Style Guide**
  開発者向けのスタイルガイド。ウェブ上で無料でアクセス可能。
  URL：https://developers.google.com/style/

製品用語集

- **マイクロソフト**

  マイクロソフト製品の用語を検索できる。「ランゲージ ポータル」の一部。

  URL：https://www.microsoft.com/ja-jp/language
- **アップル**

  アップル製品の用語集。ただしダウンロードには登録が必要。

  URL：https://developer.apple.com/download/more/?=Glossaries

ロケールに関するデータ

- **Unicode CLDR**（Common Locale Data Repository）

  日付、時刻、数字の形式、名詞複数形のルールなど、各ロケールに関するさまざまな情報が掲載されている。

  URL：http://cldr.unicode.org/

翻訳テクニック

- **駒宮俊友著『翻訳スキルハンドブック』**（アルク、2017年）

  英日翻訳を中心に翻訳のコツをまとめている。フリーランスの実務で役立つ内容も盛り込まれている。
- **岡田信弘著『翻訳の布石と定石』**（三省堂、2013年）

  実務翻訳で役立つ訳出のパターンを詳細に説明している。

ローカリゼーション実践

- **西野竜太郎著『ソフトウェア・グローバリゼーション入門』**（達人出版会／インプレス、2017年）

  インターナショナリゼーションとローカリゼーションのプロセス全体を解説している。
- **Chandler・Deming著『The Game Localization Handbook（第2版）』**（Jones & Bartlett Learning、2011年）

  ローカリゼーション全般に加え、ゲーム特有の話題（レーティング、吹き替えなど）も扱っている。ただし英語版。

- **Esselink 著『A Practical Guide to Localization』**（John Benjamins Publishing、2000 年）

  英語圏で長らく標準的な解説書とされてきた書籍。ただしやや古くなっている。

- **板垣政樹・小坂貴志・大野由美著『ソフトウェアローカリゼーション実践ハンドブック』**（ソフト・リサーチ・センター、1999 年）

  日本語でローカリゼーションを解説した貴重な本。ただしやや古くなっている。

ローカリゼーション研究

- **Roturier 著『Localizing Apps: A practical guide for translators and translation students』**（Routledge、2015 年）

  ローカリゼーションの概説書。最新の動向も扱っているが、教育で用いることを念頭に置いている。英語。

- **Jiménez-Crespo 著『Translation and Web Localization』**（Routledge、2013 年）

  ローカリゼーションの研究書。学術方面から理解したい人向け。英語。

ライセンス情報

翻訳の実践で利用したオープンソース・コンテンツのライセンス情報です。

OpenOffice 4、Apache、GoogleI/O、連絡先の各アプリ、Android Studio の「Translations Editor」と「Theme Editor」のページ

Apache License

Version 2.0, January 2004

http://www.apache.org/licenses/

TERMS AND CONDITIONS FOR USE, REPRODUCTION, AND DISTRIBUTION

1. Definitions.

"License" shall mean the terms and conditions for use, reproduction, and distribution as defined by Sections 1 through 9 of this document.

"Licensor" shall mean the copyright owner or entity authorized by the copyright owner that is granting the License.

"Legal Entity" shall mean the union of the acting entity and all other entities that control, are controlled by, or are under common control with that entity. For the purposes of this definition, "control" means (i) the power, direct or indirect, to cause the direction or management of such entity, whether by contract or otherwise, or (ii) ownership of fifty percent (50%) or more of the outstanding shares, or (iii) beneficial ownership of such entity.

"You" (or "Your") shall mean an individual or Legal Entity exercising permissions granted by this License.

"Source" form shall mean the preferred form for making modifications, including but not limited to software source code, documentation source, and configuration files.

"Object" form shall mean any form resulting from mechanical transformation or translation of a Source form, including but not limited to compiled object code, generated documentation, and conversions to other media types.

"Work" shall mean the work of authorship, whether in Source or Object form, made available under the License, as indicated by a copyright notice that is included in or attached to the work (an example is provided in the Appendix below).

"Derivative Works" shall mean any work, whether in Source or Object form, that is based on (or derived from) the Work and for which the editorial revisions, annotations, elaborations, or other modifications represent, as a whole, an original work of authorship. For the purposes of this License, Derivative Works shall not include works that remain separable from, or merely link (or bind by name) to the interfaces of, the Work and Derivative Works thereof.

"Contribution" shall mean any work of authorship, including the original version of the Work and any modifications or additions to that Work or Derivative Works thereof, that is intentionally submitted to Licensor for inclusion in the Work by the copyright owner or by an individual or Legal Entity authorized to submit on behalf of the copyright owner. For the purposes of this definition, "submitted" means any form of electronic, verbal, or written communication sent to the Licensor or its representatives, including but not limited to communication on electronic mailing lists, source code control systems, and issue tracking systems that are managed by, or on behalf of, the Licensor for the purpose of discussing and improving the Work, but excluding communication that is conspicuously marked or otherwise designated in writing by the copyright owner as "Not a Contribution."

"Contributor" shall mean Licensor and any individual or Legal Entity on behalf of whom a Contribution has been received by Licensor and subsequently incorporated within the Work.

2. Grant of Copyright License. Subject to the terms and conditions of this License, each Contributor hereby grants to You a perpetual, worldwide, non-exclusive, no-charge, royalty-free, irrevocable copyright license to reproduce, prepare Derivative Works of, publicly display, publicly perform, sublicense, and distribute the Work and such Derivative Works in Source or Object form.

3. Grant of Patent License. Subject to the terms and conditions of this License, each Contributor hereby grants to You a perpetual, worldwide, non-exclusive, no-charge, royalty-free, irrevocable (except as stated in this section) patent license to make, have made, use, offer to sell, sell, import, and otherwise transfer the Work, where such license applies only to those patent claims licensable by such

Contributor that are necessarily infringed by their Contribution(s) alone or by combination of their Contribution(s) with the Work to which such Contribution(s) was submitted. If You institute patent litigation against any entity (including a cross-claim or counterclaim in a lawsuit) alleging that the Work or a Contribution incorporated within the Work constitutes direct or contributory patent infringement, then any patent licenses granted to You under this License for that Work shall terminate as of the date such litigation is filed.

4. **Redistribution.** You may reproduce and distribute copies of the Work or Derivative Works thereof in any medium, with or without modifications, and in Source or Object form, provided that You meet the following conditions:
   a. You must give any other recipients of the Work or Derivative Works a copy of this License; and
   b. You must cause any modified files to carry prominent notices stating that You changed the files; and
   c. You must retain, in the Source form of any Derivative Works that You distribute, all copyright, patent, trademark, and attribution notices from the Source form of the Work, excluding those notices that do not pertain to any part of the Derivative Works; and
   d. If the Work includes a "NOTICE" text file as part of its distribution, then any Derivative Works that You distribute must include a readable copy of the attribution notices contained within such NOTICE file, excluding those notices that do not pertain to any part of the Derivative Works, in at least one of the following places: within a NOTICE text file distributed as part of the Derivative Works; within the Source form or documentation, if provided along with the Derivative Works; or, within a display generated by the Derivative Works, if and wherever such third-party notices normally appear. The contents of the NOTICE file are for informational purposes only and do not modify the License. You may add Your own attribution notices within Derivative Works that You distribute, alongside or as an addendum to the NOTICE text from the Work, provided that such additional attribution notices cannot be construed as modifying the License.

   You may add Your own copyright statement to Your modifications and may provide additional or different license terms and conditions for use, reproduction, or distribution of Your modifications, or for any such Derivative Works as a whole, provided Your use, reproduction, and distribution of the Work otherwise complies with the conditions stated in this License.
5. **Submission of Contributions.** Unless You explicitly state otherwise, any Contribution intentionally submitted for inclusion in the Work by You to the Licensor shall be under the terms and conditions of this License, without any additional terms or conditions. Notwithstanding the above, nothing herein shall supersede or modify the terms of any separate license agreement you may have executed with Licensor regarding such Contributions.
6. **Trademarks.** This License does not grant permission to use the trade names, trademarks, service marks, or product names of the Licensor, except as required for reasonable and customary use in describing the origin of the Work and reproducing the content of the NOTICE file.
7. **Disclaimer of Warranty.** Unless required by applicable law or agreed to in writing, Licensor provides the Work (and each Contributor provides its Contributions) on an "AS IS" BASIS, WITHOUT WARRANTIES OR CONDITIONS OF ANY KIND, either express or implied, including, without limitation, any warranties or conditions of TITLE, NON-INFRINGEMENT, MERCHANTABILITY, or FITNESS FOR A PARTICULAR PURPOSE. You are solely responsible for determining the appropriateness of using or redistributing the Work and assume any risks associated with Your exercise of permissions under this License.
8. **Limitation of Liability.** In no event and under no legal theory, whether in tort (including negligence), contract, or otherwise, unless required by applicable law (such as deliberate and grossly negligent acts) or agreed to in writing, shall any Contributor be liable to You for damages, including any direct, indirect, special, incidental, or consequential damages of any character arising as a result of this License or out of the use or inability to use the Work (including but not limited to damages for loss of goodwill, work stoppage, computer failure or malfunction, or any and all other commercial damages or losses), even if such Contributor has been advised of the possibility of such damages.
9. **Accepting Warranty or Additional Liability.** While redistributing the Work or Derivative Works thereof, You may choose to offer, and charge a fee for, acceptance of support, warranty, indemnity, or other liability obligations and/or rights consistent with this License. However, in accepting such obligations, You may act only on Your own behalf and on Your sole responsibility, not on behalf of any other Contributor, and only if You agree to indemnify, defend, and hold each Contributor harmless for any liability incurred by, or claims asserted against, such Contributor by reason of your accepting any such warranty or additional liability.

END OF TERMS AND CONDITIONS

APPENDIX: HOW TO APPLY THE APACHE LICENSE TO YOUR WORK

To apply the Apache License to your work, attach the following boilerplate notice, with the fields enclosed by brackets "[]" replaced with your own identifying information. (Don't include the brackets!) The text should be enclosed in the appropriate comment syntax for the file format. We also recommend that a file or class name and description of purpose be included on the same "printed page" as the copyright notice for easier identification within third-party archives.

Copyright [yyyy] [name of copyright owner]

Licensed under the Apache License, Version 2.0 (the "License");
you may not use this file except in compliance with the License.
You may obtain a copy of the License at
http://www.apache.org/licenses/LICENSE-2.0
Unless required by applicable law or agreed to in writing, software
distributed under the License is distributed on an "AS IS" BASIS,
WITHOUT WARRANTIES OR CONDITIONS OF ANY KIND, either express or implied.
See the License for the specific language governing permissions and
limitations under the License.

Chrome ブラウザー（Chromium）

Copyright 2015 The Chromium Authors. All rights reserved.

Redistribution and use in source and binary forms, with or without modification, are permitted provided that the following conditions are met:

* Redistributions of source code must retain the above copyright notice, this list of conditions and the following disclaimer.
* Redistributions in binary form must reproduce the above copyright notice, this list of conditions and the following disclaimer in the documentation and/or other materials provided with the distribution.
* Neither the name of Google Inc. nor the names of its contributors may be used to endorse or promote products derived from this software without specific prior written permission.

THIS SOFTWARE IS PROVIDED BY THE COPYRIGHT HOLDERS AND CONTRIBUTORS "AS IS" AND ANY EXPRESS OR IMPLIED WARRANTIES, INCLUDING, BUT NOT LIMITED TO, THE IMPLIED WARRANTIES OF MERCHANTABILITY AND FITNESS FOR A PARTICULAR PURPOSE ARE DISCLAIMED. IN NO EVENT SHALL THE COPYRIGHT OWNER OR CONTRIBUTORS BE LIABLE FOR ANY DIRECT, INDIRECT, INCIDENTAL, SPECIAL, EXEMPLARY, OR CONSEQUENTIAL DAMAGES (INCLUDING, BUT NOT LIMITED TO, PROCUREMENT OF SUBSTITUTE GOODS OR SERVICES; LOSS OF USE, DATA, OR PROFITS; OR BUSINESS INTERRUPTION) HOWEVER CAUSED AND ON ANY THEORY OF LIABILITY, WHETHER IN CONTRACT, STRICT LIABILITY, OR TORT (INCLUDING NEGLIGENCE OR OTHERWISE) ARISING IN ANY WAY OUT OF THE USE OF THIS SOFTWARE, EVEN IF ADVISED OF THE POSSIBILITY OF SUCH DAMAGE.

2048

The MIT License (MIT)

Copyright (c) 2014 Jerry Jiang

Permission is hereby granted, free of charge, to any person obtaining a copy of this software and associated documentation files (the "Software"), to deal in the Software without restriction, including without limitation the rights to use, copy, modify, merge, publish, distribute, sublicense, and/or sell copies of the Software, and to permit persons to whom the Software is furnished to do so, subject to the following conditions:

The above copyright notice and this permission notice shall be included in all copies or substantial portions of the Software.

THE SOFTWARE IS PROVIDED "AS IS", WITHOUT WARRANTY OF ANY KIND, EXPRESS OR IMPLIED, INCLUDING BUT NOT LIMITED TO THE WARRANTIES OF MERCHANTABILITY, FITNESS FOR A PARTICULAR PURPOSE AND NONINFRINGEMENT. IN NO EVENT SHALL THE AUTHORS OR COPYRIGHT HOLDERS BE LIABLE FOR ANY CLAIM, DAMAGES OR OTHER LIABILITY, WHETHER IN AN ACTION OF CONTRACT, TORT OR OTHERWISE, ARISING FROM, OUT OF OR IN CONNECTION WITH THE SOFTWARE OR THE USE OR OTHER DEALINGS IN THE SOFTWARE.

参考文献

本書内で参照している文献の一覧です。

- Esselink, B. (2000). A Practical Guide to Localization. John Benjamins Publishing.
- Fields, P., Hague, D., Koby, G. S., & Melby, A. (2014). What Is Quality? A Management Discipline and the Translation Industry Get Acquainted. Revista Tradumàtica, (12), 404–412.
- Jiménez-Crespo, M. Á. (2013). Translation and Web Localization (eBook). Routledge.
- Garvin, D. A. (1984). What Does "Product Quality" Really Mean? Sloan Management Review.
- Klubička, F., Toral, A., & M. Sánchez-Cartagenac, V. (2017). Fine-Grained Human Evaluation of Neural Versus Phrase-Based Machine Translation. The Prague Bulletin of Mathematical Linguistics, (108), 121–132.
- Manovich, L. (2002). The Language of New Media. MIT Press.
- Roturier, J. (2015). Localizing Apps: A practical guide for translators and translation students. Routledge.
- 高橋聡 . (2017). 帽子屋の辞典十夜 第 8 回：翻訳者におすすめの学習英和辞典 . 日本翻訳ジャーナル , (292), 18–19.
- 矢野啓介 . (2010). プログラマのための文字コード技術入門 . 技術評論社 .

著者紹介

西野 竜太郎（にしのりゅうたろう）

IT 分野の英語翻訳者、語学書著者。

米国留学を経て国内の大学を卒業後、フリーランスの翻訳者とソフトウェア開発者に。2017 年から日本翻訳連盟（JTF）の理事を務める。産業技術大学院大学修了、東京工業大学博士課程単位取得退学。

著書に『アプリケーションをつくる英語』（達人出版会／インプレス）、『IT エンジニアのための英語リーディング』（翔泳社）、『ソフトウェア・グローバリゼーション入門』（達人出版会／インプレス）などがある。『アプリケーションをつくる英語』で第 4 回ブクログ大賞（電子書籍部門）を受賞。

アプリ翻訳実践入門（ほんやくじっせんにゅうもん）

2018 年 10 月 5 日　初版第 1 刷発行

著者	西野 竜太郎
発行所	合同会社 グローバリゼーションデザイン研究所 〒 103-0006 東京都中央区日本橋富沢町 4-10 京成日本橋富沢町ビル 2F-10 https://globalization.co.jp/
印刷・製本	シナノ書籍印刷 株式会社

Printed in Japan

ISBN 978-4-909688-00-2 C3055